JN186402

◉金沢大学人間社会研究叢書◉

農地管理と村落社会

社会ネットワーク分析からのアプローチ

吉田国光

Yoshida Kunimitsu

世界思想社

はしがき

本書は，農地管理の仕組みを村落社会の動態との関連性から読み解くものである。つまり農地という「資源」を継続的に利用していくために，その利用者である人々がいかなる付き合いのもとに計画的もしくは結果的に耕作放棄地とならないように農地を取引しているのかを検討していくものである。

この主題を設定した出発点は人脈への関心である。「付き合いでいろいろ」や「日頃のお付き合い」，「縁」，「コネ」という語句は我々の日常生活のさまざまな場面で登場する。こうした語句はポジティブな意味合いで使われることもあれば，ネガティブな意味合いで使われることもあり，使用される場面によって異なり曖昧に存在する。しかし，そもそも人脈は人間関係を築くことを目的として存在するのではない。人脈は社会生活を円滑に営むためであったり，経済活動を展開していくために駆使されたりというように，何かのための手段として，結果としてでき上がるものである。それはポジティブであろうとネガティブであろうと，必要に駆られて築かれているのである。たとえば経済活動においても，純粋な経済的メリットよりも「日頃のお付き合い」が優先されて取引相手が選定されることがあったり，目的と手段の位置づけは曖昧に変動するものである。

人間社会で起こるさまざまな現象は複雑に展開しており，自然科学の対象となるような諸現象に比べれば法則定立化することが困難である。たとえば『広辞苑』（第六版，岩波書店）によると，「社会」は「人間が集まって共同生活を営む際に，人々の関係の総体が一つの輪郭をもって現れる場合の，その集団」であるという。すなわち人々の関係によって築かれる人脈は，総体としての人間社会の基底に存在するものといえる。人脈のもつ曖昧さが，人間社会で起こるさまざまな現象の解読を困難にする要因と考えたことが，本書の出発点となっている。

本書で取り上げる農地管理は，複雑な人間社会のなかで実践されてきたものの一つである。全国的に農地管理の主体となる農家は減少の一途をたどっており，離農を理由とした農地利用の中止による耕作放棄地化のリスクは高まっている。耕作放棄地の増大が危惧されるなかで，農地管理のあり方は社会問題として大きく取り上げられるようになっている。

これまでは離農農家が発生すると，離農農家が利用していた農地が自身の人脈を頼るなどして別の農家に買い取られたり，借りられたりすることで農地利用は維持されてきた。また農地は農業生産を行う設備であることから，大規模経営を志向する農家は設備投資としてさまざまな人脈を駆使して農地を獲得し，結果的に農地管理の実践者となっていた。

他方，社会問題としての耕作放棄地化への対策は，「耕作放棄地を再生し，やる気のある農家に土地を集約」（朝日新聞朝刊全国版 2008 年 9 月 11 日）や，「生産コストを下げるため，農地を集約する法人を各地につくって大規模化を進める」（朝日新聞朝刊全国版 2013 年 5 月 22 日）というように経済的合理性に傾倒して語られがちで，そうした考え方が有効な方策として新聞紙上やテレビ番組などを通じ広く伝えられている。その際，「農地は税制上優遇されており，転用による利益が見込めない限り，農家は放棄地でさえ，なかなか手放そうとしない」（朝日新聞朝刊全国版 2011 年 1 月 8 日）という農家の既得権保持が自由競争を阻んでいるような文脈で語られることもしばしばである。しかし，「どうやって意欲ある農家へ農地を集積するのか？」や「どうやって農地は売買・貸借されてきたのか？」といった具体的に農地を集約して大規模化する手段については，「地縁・血縁」やそれに類する語句で説明され，理解されたつもりにされがちである。大規模化による経済合理的な農業経営について議論することはもちろん不可欠であるが，「地縁・血縁」として曖昧なままにおかれた人間関係のあり方を解読することは農地管理の根幹の部分を解明することであり，人間社会のなかで問題化される農地管理のあり方を考えるうえで必要と考える。その曖昧な人脈を解読するために，人間関係の広がりや性質を分析する手法の一つである社会ネットワーク分析を援用して論を展開することから，冒頭のような課題を設定した。

本書は農地移動やその管理について論じた4部，計8章から構成される。**第1部**は，農地をめぐる情勢，既存研究の検討から，研究課題および第2部・第3部の事例研究に通底する方法論を提示する。続く**第2部**および**第3部**では事例研究を行った。事例としては北海道十勝平野，東京近郊の成田市，淡路島三原平野，九州の天草下島を取り上げた。これらの地域の農業的特徴はそれぞれ大きく異なる。十勝平野や成田市では大規模経営が展開し，この2地域に比べて土地的な制約の大きい淡路島や天草は対極的な特徴を有している。こうした地域を取り上げることにより，農地管理のあり方をさまざまな条件で検討できると考える。最後の**第4部**では総括を行い，今後の課題と展望を整理したい。

なお，学問的バックグラウンドが人文地理学である筆者は，地理学に対する一般的な理解は図りかねるが，自らの乏しい経験からすると「地域のあれこれを示すこと」とみられることが多いのではないか。しかし，本書の研究対象地域は日本各地におよぶものの，人々の農地へのかかわり方からみた日本農村の地域的特徴（＝地域性）を解明することは本書では企図していない。また，本書の課題は農村社会学や農業経済学においても類似の研究目的を設定しうるものであり，「これは人文地理学か？」と問われることもあろうかと思われる。人脈の基底にある人間関係を分析していくために社会ネットワーク分析を援用することは，そうした疑念をさらに強めるであろう。しかし，本書では人脈を分析していくため地理学にとってキーとなるスケールという概念を不可欠とする。農村社会学や農業経済学などの隣接他分野の蓄積もなくてはならないものであるが，冒頭の課題の解明にとどまらず，農地管理のあり方を考えるうえで農村社会学や農業経済学などと異なる人文地理学独自の論点や，他分野でも援用可能な方法論の提示を目指している。将来的には，農地や農業，農村に関する研究が今よりも分野横断的に取り組まれるための蓄積の一つになればと考えている。

目　次

第４部　結論

第1部　研究の課題と方法

第Ⅰ章　序論

1．日本における農地をめぐる情勢

現代日本において，産業としての農業を取り巻く状況は「バラ色」とはいえない。農業の主産品である食料は国境を越えて流通し，日本では食料の輸入が輸出を圧倒的に上回っている。国内農家は海外から大量に流入してくる食料との競争にさらされ，その対応に苦心している（高柳ほか編 2010）。こうした状況下で，食料自給率を向上させるために国内での食料の増産の必要性は自明のこととされている。食料自給率の低迷は長らく政策的課題とされ，これまでさまざまな対策が講じられてきた（暉峻編 2003）。しかし，長らく課題となっていること自体が，課題の解消が容易ではないことを示している。自給率を上げるためには食料を大量生産する必要があり，農業が産業として自立していくことが求められる。こうしたなかで，最近では「儲かる農業」や「農業の企業化」に類するキーワードが流布している。しかし，その事実は，これらの語句がことさら喧伝される背景，すなわち「都会で働くのに比べて農業は儲からない」，もしくは「田舎より都会が良い」という一般的理解が長らく存在していることに対するパラドックスともいえる[(1)]。

理想が示される一方で，第2次世界大戦後の日本では，農地改革によって農業の生産基盤である農地[2]を担う主体のほとんどが小規模な家族経営農家[3]となった（暉峻編 2003）。とくに高度経済成長期以降には，農業と都市的産業従事者の間に生じた所得格差を是正するために，産業としての農業の自立が図られるようになった。なかでも穀物生産を担う土地利用型農業では，規模拡大によって経済合理的な経営を可能とする農業経営体の成長が目標となった。

園芸・畜産農業などの施設型農業，一部の露地野菜作農業では，農業の近代化を目指して全国で画一的に展開した第１・２次農業構造改善事業，各地の事情に合わせて展開された各種パイロット事業の影響を受け，一部の農家は企業的経営体として成長を遂げ，技術・収益の面でも高度な水準に達したが，一方で小規模な家族経営農家の多くは離農していった。

他方，土地利用型農業はどのような変化を遂げたのか。とくに本州の土地利用型農業が卓越する地域で実際に起こったのは，高度経済成長の進展とともに多数の工場などが農村[4]部へ進出し，多様な農外就業機会が創出されるという事態であった（岡橋 1997）。小規模農家の世帯主らは農村部へ進出してきた工場などに平日勤務し，休日に農業へ従事する兼業農家となった。さらに，農外就業の進展は農家の世帯収入を安定させ，トラクターなどの農業機械の購入を可能にした。農業機械の普及により農作業は大幅に省力化され，小規模兼業経営が可能となった（川上 1979；高橋 1980；鈴木 1994）。しかし，産業としての農業を担うような農業経営体として自立できた農家は少なく，多くは小規模な家族経営を基本として農外就業を取り込みながら存続していった（田林 2007）。このように，とくに米や麦類など穀類を中心とした土地利用型農業は「儲けるため」の産業として自立した存在にはなりにくかったと考えられる。

小規模家族経営を基本とした兼業農家が農地保有を継続したために，農地移動[5]は妨げられ，経営規模の拡大による経済合理的な生産への転換は切実な課題とならず限定的なものにとどまった。さらに，農業を産業として自立させる取り組みの一環として，経営規模の拡大による経済的に合理的な生産を達成するために農業経営の大規模化に向けたさまざまな政策が実施されたものの，農地移動は円滑に進まなかった（島本 2001）。この要因として従来の研究では，労働力不足や，規模拡大に見合った収益の確保が困難であること，地権者が農地の非農業的利用への転用による売却益を期待して貸付を拒否すること，などが指摘されている（中野 1982; 谷本 1999; 神門 2006）。

1990 年代以降，小規模兼業農家を中心に農業者の高齢化にともなう離農が進行し，離農農家の農地を継続的に利用することが課題として表面化した（田林・井口 2005）。さらに現在(6)では，農業を産業として自立させるため農地を集積して活用することや，農地をいかに継続的に利用，または維持・管理をいかに行うのかに関心が集まっている。農地利用の維持を通じた管理を達成するための主体として，政策的には認定農業者(7)を有する「担い手」と呼ばれる農家や，株式会社など非農業的企業への農地集積，集落営農に代表される集団的な農地利用などが挙げられている。こうした特定の農家や企業，社会集団に農地の所有権や耕作権を移動させる農地移動をいかに引き起こし，農地流動化を促進していくのかが政策的に喫緊の課題とされている。

こうしたなか，農業経営の大規模化が進みつつある地域が存在する。農地１区画あたりの面積が大きく機械化による省力化が可能な水稲単作地域や，北海道の土地利用型農業が卓越する平野部である。これらの地域では農地の売買や貸借，作業受委託を通じて農地移動が進み，大規模農家が集落内外の農地を集積しており，大規模農家の農業生産活動のほぼすべてが世帯の経済活動として有効に機能している（細山 2004; 斎藤 2007; 宮武 2007）。その結果，専業的な農業経営を行う農家において借地による農業経営の大規模化は，これまでのような限定的なものから地域内で広く展開するものになっている（伊藤・八巻 1993; 八巻 1997; 島本 2001; 斎藤 2003）。とくに，北海道や東北，北陸の平野部では経営耕地の大規模化が進み，規模拡大による収益性の向上を見込んだ農地移動が展開している。

しかし，農地の流動化の必要性は今日になって表面化した問題ではない。流動化の試みは高度経済成長期には産業としての農業の自立を目指す大規模経営体創出のために，1990 年代以降には離農農家の跡地利用を主たる目的として取り組まれた。社会情勢の変化に応じてその目的は変化してきたが，農地流動化はその必要性が叫ばれるようになってから50年以上を経過した現在においても課題として存在し続けている。これは，さまざまな政策が実施されてきたものの奏功しなかったということである。2013年には，農地移動を円滑に進めるために農地中間管理機構なる組織の設置が発表され，2014年に入り各地で順次設置されている(8)。

では，農地中間管理機構の制度によって問題は解決されるのであろうか。これまでにも農地流動化を目的とした制度や組織は数多くあったものの，問題の本質的な解決には至っていない。政策の見込み通りに農業経営の大規模化が進展する地域は一部に限られており，大規模化に向けての農地移動も円滑には進んでいない（大野 1996; 島本 2001）。筆者としても「またか」という印象を拭うことはできず，同様の印象を抱く人も多いだろう。

全国的に大規模化に向けた農地移動が進まない要因の一つに，規模拡大が必ずしも収益性の向上に結びついていない事例の存在がある（山寺・新井 2003）。たとえば，そもそも耕作放棄地化はいかなる理由で起こるのであろうか。農地を獲得しても「儲からない」からではないのか。現地調査をしていると，「米は作るよりも買った方が安い」という声がしばしば聞かれる。『平成24年産　米及び小麦の生産費』によると，たとえば水稲作では，全国平均で10aあたり129,339円の粗収益に対して140,957円の生産費（家族労働力に対する人件費を含む）が必要とされている。これは全国平均であり，地域によって条件は異なる。たとえば北海道や東北，北陸などの平野部で大規模経営による生産費の削減が達成されている農家であれば，粗収益は生産費を下回らないだろう。しかし，山間地や小規模経営のため生産費の削減が困難な地域や農家では，粗収益が生産費を下回っていることが予想できよう。このような条件では水稲作を継続することに経済的意味を見出すことはできない。また平野部であっても，水田利用の維持と農業経営の両立が困難な事例も存在することが指摘されている（関根ほか 1999）。というのも，農業経営の合理化が重視される状況では，経営上不採算と判断される農地は放棄されがちで，水田としての利用を維持しにくいからである。

一方，粗収益が生産費を下回るような状況においても，農地利用が維持されている事例は存在する。このような地域の農地利用は，経済的合理性を追求するのみでは展開していないことが考えられよう。これは，農地の農業生産活動の場としての機能は共通しているものの，農業生産活動の形態や段階によって，農地の果たす意味が異なることに起因している。

基本的に，農地は農業生産活動の場として経済的な役割を果たすものである。各農家は最大限の利益が得られるように各々の経営方針のもとで農業生産を展開しており，自身の耕作地における農業生産活動に周辺農家から干渉されることはない。農地は私的な空間であり，個々の農家が支配力をもっているのである（川本 1986）。一方で，農地は公的な側面も合わせもっている。農地は各イエに私有されるものであるが，各イエを構成要素とするムラに属するものでもある。たとえば，本家―分家の関係や婚姻によって複数のイエが結びついた集団の「家産」としての役割などをもつものである（高橋 2003; 長濱 2003）。この場合の農地は，個別農家の経済財という役割に加え，ムラという社会を構成する基礎的要素としての役割も有する（福田 1980; 八木 1988）。そのため，個別農家が単なる経済財として自由に取引できるものではない（川本 1986）。

この他に機能的側面も挙げられる。たとえば，ある個人が農地を荒らすことは他の農家にとって迷惑行為となる。耕作放棄地には雑草類が繁茂し，その種子は風で周辺の耕作地に飛ばされる。周辺農地で耕作する農家は，風で飛ばされてきた種子から成長した雑草類を取り除く作業が余分に必要となる。さらに雑草類の繁茂した耕作放棄地には多様な昆虫類が生息する。そのなかには，農作物生産にとって“益”となるものも含まれるが，“害”となるものも含まれるため「害虫対策」として農薬などの追加投入を要することになる。これ以外にもさまざまな問題が起こるため，耕作放棄地化は農家にとって望ましいことではない。この他にもＧＡＴＴウルグアイラウンド以降はアメニティ面などを含めた「農業の多面的機能」が政策として強調されるようになっている。

以上のように，農地利用という行為には公益的機能が付帯しており，たとえ私有地であっても農地は，農家間の社会関係を基底に有するムラ，その他の社会集団などによって「共有」されるものであるといえよう。集落営農や集団転作,「農地の景観保全」などはこのような考え方の延長線上に起こる現象であり,個別農家の意向で利用形態を決定できないという農地のあり方のある側面を示すものである(小栗 1983など)。

これらのことから,農地の主たる利用形態である農業生産活動には,一様には経済的意味は付与されていない。専業農家や兼業農家の混在したイエ・ムラから構成される村落社会において,農地の社会的・経済的役割は各イエによって異なる。各農家の社会生活上,農地は管理しなければならないものとなり,積極的にあるいは消極的に農業生産活動が展開し,ときには農地移動をともないながら継続的な農地利用が図られていると考えられる。

2. 農地をめぐる研究動向

1) 経済的側面からのアプローチ

長年にわたって重要な政策的課題とされてきた農地について,これまでどのように研究が進められてきたのか[9]。以下,第2節では農地をめぐる研究をレビューする。前節で述べた通り,農地には個別農家の経済財と,ムラという社会を構成する基礎的要素という二つの役割がある。このことから経済的側面と非経済的側面に分けて検討する。

まず農地利用の方策については,作業受委託や農地流動による農家の階層分化などのテーマから取り上げられ,農業経営の大規模化や集団的農地利用について言及されている(川上 1969; 鈴木 1994; 大西 2000; 斎藤 2006など)。近年,農業経営の大規模化や集落営農に代表される集団的農地利用がさかんに取り上げられるが,上記の先行研究の発表年からも,これらは決して新しい現象ではない。農地集積による大規模化や集団的な農地利用という現象は1960年代よりみられ,これに対してさまざまな研究が蓄積されてきた。農地集積は,川上(1969; 1979; 1985)や鈴木(1994)らによって,各農家の経営条件を検討することから,農地集積にともなう大規模経営農家の成立や農家の階層分化の実態が明らかにされてきた。とくに川上の一連の研究は，農業構造改善事業によって農業経営形態が劇的に変容する様子を克明に描いており，今日では資料的価値も高い。また鈴木（1994）は労働力不足に際して，大規模化を志向する農家群が生産組織を結成して地域農業を支える主体となるプロセスを明らかにしており，地理学において産地形成論が議論の中心となっていた時期に鋭い着眼点を示した。さらに斎藤（2003; 2007）は，大規模経営農家が離農農家の跡地を購入・借入することで規模拡大を進めてきたと論じる。とくに東北地方の事例研究では，大規模経営農家が労働力不足や高齢化などによる離農農家の農地を請け負う受け皿としての機能を有していることを指摘した。さらに，米価の低迷が続くなかで農地購入に代わって農地貸借による大規模借地経営が増加したことが報告されている（斎藤 2007）。

2000 年代以降には，平野部の水稲作卓越地域を中心に大規模化に向けた農地集積が広く展開するようになっている（田林 2007）。しかし，水稲作においては農地集積は必ずしも農家の収益性の向上に結びつかず，農地の借手より貸手の多い「借手市場」となる事例も示される（山寺・新井 2003; 細山 2004; 佐々木 2009）。佐々木（2009）は，農地の貸手は必ずしも零細農家ではなく，1ha 以上の農地を貸し付ける農家もあることを指摘し，広い農地を請け負う借手を確保することが難しくなっていることを示した[(10)]。

集団的農地利用については，生産の組織化という観点から研究が重ねられ，労働生産性の向上を目指した農作業を中心とした生産の共同化や，兼業化が進むなかで機械の共同利用による生産組織化が進んできたことが示された（松井 1960）。また松井（1964）は，農業労働力が減少するなかで，生産の組織化による農地の集団的利用は耕作放棄地化を防ぐために意義あるものと指摘している。一方，規模拡大志向農家が機械の共同利用組織から離脱し，独自に作業受託等によって農地集積を図るようになったという事実も報告されている（規工川 1979; 高橋 1980）。そして農業従事者の減少が顕著となった 1980 年代以降も，農地利用集団が形成されるプロセスや集落営農などの集団的農地利用の動向については，平野部を事例とした実証的研究が蓄積され，経済的基盤を中心に検討されてきた（五條 1997; 大竹 2003; 2008; 清水 2013）。そのなかで五條（1997）は，集落営農は村落社会にある結びつきをもとに支えられているとし，同様に大竹（2008）は，生産の組織化が進展する基盤に村落社会の特徴のような非経済的側面が存在することを指摘している。

他方，大規模化による農地集積が困難であり，農地利用の維持が深刻な問題となっているのは中山間地域である（吉田 2011）。中山間地域を事例とするものでは，これまで集団的な農地利用や耕作放棄地の発生動向について主に農業経営の側面から実証的研究が進められており（高田 2007; 寺床 2009; 市川 2011），農地利用を維持していくうえでの非経済的側面の存在については，重要性が指摘されながらも十分には検討されなかった。

先行研究では，農業経営の収益性や合理性の追求，経営管理方法の提示など農業の生産構造，借地経営が行われる地域条件，農地流動による農家の階層分化が明らかにされた。農地については，各農家が経済財として取引するための経営条件を検討するなかで，大規模経営農家が成立する過程や農家の階層分化，集団的農地利用，耕作放棄地発生の実態が明らかにされた。しかし，これらは経済活動の側面から地域の農業的特徴を解明することを主な目的としている。それぞれ考察や結論では村落社会の結びつきなどの非経済的側面の重要性を指摘しながらも，集落などの社会集団の枠組と農業生産という経済活動とのかかわりのなかで，農地の維持に向けた農地移動が起こるプロセスについては，十分に検討されていなかった。

こうしたなかで，少数ながら農地移動が起こるプロセスについて分析した研究がみられる。宮武（2007）は，複数地域の検討から，個別世帯間の相対取引に際して規模拡大志向農家から農地の売手・貸手に対する「働きかけ」が必要であると指摘している。さらに個々の借地経営農家がどのように農地を集積し，経営規模を拡大してきたかといったプロセスについて，東城（1992）は，借地料と借地獲得の関係の分析から，農地集積においては経済的条件に加えて農地委託者と借地農家との日常生活上の社会関係が重要な契機になると指摘している。農地を集積した農家の多くは，さまざまな社会集団に属することで醸成されたさまざまな社会関係を駆使して農地を集積してきたという。全国的に水稲作が行われる地域では，農業生産を維持するため共有林野や水利，農道などを共同管理する必要性から農地利用の調整も集落などの社会集団が行ってきた（宮武 2007)。以上のように，農家間の社会関係や集落などの社会集団が，農地移動や農地利用の維持に影響を与えているといえる。また水稲作の場合，集落内の地縁・血縁関係に基づく農地移動が多いことが示されている（伊藤・八巻 1993; 鈴木 1994)。川上（1985）は施設園芸，坂本（2002）は露地野菜栽培について同様の指摘をしている。さらに柳村（1999）や竹中（2004）によると，本州に比べて農業集落としての歴史の浅い北海道の畑作地帯においても，農地は地縁・血縁に基づく個別農家間の相対取引によって売買・貸借されることが多いという。

農地利用の維持にかかわる人間関係は，トラクターや自動車の普及など農業技術と移動手段の発達により，農業集落を中心とした近距離のものから集落界を越えて空間的に拡大している（秋津 1998)。細山（2004）は，空間的に拡大した借地経営において，貸借契約の解消に向けて貸手や出作[11]先の周辺農家との人間関係の調整が不可欠であると指摘している。同様に宮武（2007）は，農業集落界を越えた農地の集積には，その農家が周辺農業集落から農地を支える主体として社会的に認知されることが必要としている。このように農地移動においては人間関係の調整が不可欠であり，その仕組みを解明するためには背景にある農家間の社会関係を分析することが必要である。先行研究においては，個別農家がいかなる社会関係を介して農地移動を展開してきたのかについては今後の課題としており，検討の余地を残している（細山・若林 2007)。

2）　非経済的側面からのアプローチ

農地利用の維持について経済的側面からアプローチしたものを中心に検討してきた。1)で取り上げた研究においては，村落社会の結びつきといった非経済的側面の果たす役割は指摘されてきたとはいえ，そこに村落社会の内実との関連から考察を加えるということは少なかった。以下では，村落社会など非経済的側面からアプローチした研究をレビューする。

村落社会の仕組みに関する研究は，農村社会学や民俗学，文化人類学，村落社会地理学などさまざまな分野で取り組まれてきた。福武（1959）や水津（1964）らは，村落社会の特徴を分析していくための視座の提供や理論的な体系化を進め，後に多くの各論的成果を得た。そのなかで農地は，村落社会の構造を把握する際の重要な要素として分析対象とされていた（浜谷 1969; 高山 1986）(12)。しかしながら，（都市部とは異なる）村落社会の特殊性と一般性の把握に終始しているという印象も拭えない。村落社会そのものを分解して理解することに重きがおかれ，現実の課題への接近という意識は少し薄いように感じられる。

この他には，イエ・ムラなどの存立形態や集落内の社会的行事などを包括的に論じ，村落の社会構造を明らかにしようと試みる研究がみられる。そうした研究では，詳細な世帯調査に基づいて分析を進めるものの，さまざまな事象を平板な「一面世界」のなかで整理しようとしてきたようにみえる。地縁や血縁，講組織などの異なる単位で展開する事象を網羅的に分類したり，結びつけたりすることによって，村落の社会構造をなかば強引に概念化することが多くみられる（伊藤 1987; 市川 1997; 石垣 2002 など）。また，概念化により抜け落ちるものがあることを意識するあまり，極度のモノグラフに陥ることも多かったと考える（蓮見 1987; 小野 2002; 木下 2006）。そうした研究では，村落社会地理学において蓄積されている，スケール(13)概念を念頭においた村落社会における社会空間(14)の重層性の視点は乏しかった。

その後，高度経済成長期以降の社会・経済の変化に対応して，村落社会をとらえるための新たな枠組みやアプローチが模索された（福田 1980; 島津 1986; 1989; 八木 1988; 今里 1995; 2002）。これらの研究，とくに地理学では，スケール概念を念頭に，さまざまな社会集団内の社会関係によって構築される社会空間の重層性が，各スケールの果たす役割や相互関係を分析することから検討された。

一方，八木（1988）は，村落社会の空間構造を全体像としてとらえることの困難性を指摘している。「具体的で土地に密着した生態学的な分類」と「抽象的で観念的な空間分類」が存在するなかで，それぞれのスケールにおける分類を総合して検討することは困難であるとする。さらに八木は，村落社会を理解するヒントとして，分類を生み出す社会空間の重層性やコンテクストに着目する論点を提示している。

こうした流れのなかで村落における特定の空間構成要素を，さまざまな主体の認識や主体間の関係から分析する研究もみられるようになった（福田 1989；関戸 1994；今里 1999a；1999b；藤永 2000）。農業生産は社会生活と不可分な関係にあるものの，村落社会の特徴と生産活動との関連性が言及されることは少ない。さらに，今日においては経済的側面に主眼をおいた研究でも「脱産地化」などの議論で指摘されているように（高柳 2010），村落社会は閉鎖的な社会空間とはいえず，外部へと拡大している（今里 2002）。こうした研究のなかで農地移動は，農地分割を含めたすべての社会的行事の一部として扱われていた。そのために農地移動にかかわる社会関係は，概括的に述べられる程度で，研究の中心に据えられることがなかった。

村落社会に関する研究において，農業生産との関連が取り上げられなくなった背景には，この分野の主たる研究目的が村落の社会変動へと移行したことがある。とくに都市化と兼業化の進展は可視的な現象として顕著であり，農家と非農家といった区別や社会集団の再編を検討することが主たる研究目的となったと考えられる。そのなかで，社会問題の一つである混住化なども研究として取り組まれるようになった。混住化によって問題視される現象としては，職住近接世帯である農家と職住分離世帯である非農家が「混住する」ことにより，伝統的な農事暦に合わせた民俗行事が消滅もしくは変容し，それを執り行う社会集団が消滅もしくは縮小するといったことがある。社会集団は農業と不可分の関係にあり，農業に与える影響も考えられるが，この分野での関心は住民属性の把握にあり，社会集団がどのように再編成されていくのかに重点がある。村落社会の空間的重層性は解明されているものの，村落社会がどのように農業生産と関連しているのかについて，その動態は十分には検討されなかった。

かつては農業集落の全住民が農家であり，集落という社会集団内で個別農家が経済活動として自己完結的に農地を利用していくことが，結果として，農業集落内の農地利用の維持につながっていた。しかし，こうした村落社会研究の主たる目的が村落の空間もしくは社会構造そのものの把握にあったため，農地利用の維持と個別農家の農業経営のかかわりのような経済的側面について言及することは少なかった。実証的研究の蓄積が今後の課題として求められている（東・吉沢 1988; 池上 1988）。

さらに現在では，同一の集落内に専業農家や兼業農家，非農家が混在するようになり，農業を通じた世帯間の結びつきは変化している（高橋 1997a）。兼業化や脱農家化の進行により農業集落内の社会構造は変化し，農地管理のあり方や土地利用形態も変化している（高橋 1997b）。すなわち，農業に対する経済的依存度の異なる世帯が同一の集落という社会集団に混在することにより，個別農家による自己完結的な農地利用の継続が物理的空間である農業集落内の農地の維持に直結するというわけにはいかない状態になっている。これにともなって，集落という社会集団を単位とする農地利用の維持を通じた管理のあり方は変化していると考えられる(15)。

なおスケールとは，地理学独自の概念である。Smith（2000）によると，スケール概念には三つの意味があるという。一つ目は地図学的スケールと呼ばれるもので，地図の縮尺を表しており一般的な普通名詞としての意味と大差はない。二つ目は方法論的スケールといわれ，対象をミクロにとらえるか，マクロにとらえるかといった分析者の視点である。このミクロとマクロの両者は互いに連動するものである。たとえば，1区画 1ha の農地を一つの農業集落スケールでみれば「大きな農地」であるが，都道府県スケールでみると「小さな農地」もしくは「地図上に表現されないもの」になる。事象として1区画 1ha の農地は不変であるものの，異なるスケールでみると事象の有する意味合いは異なる。事象をさまざまなスケールの往還や重なりにおいてとらえることで，ある事象のもつ意味を多面的に理解することが可能となる（浮田 2004）。三つ目は地理的スケールと呼ばれ，特定の社会的プロセスによって形成される空間的広がりを指す。たとえば，学校の社会的な機能をもとに形成される校区や，さまざまな社会的経験のなかで構築される「地元」に対する感覚とそれが示す物理的空間範囲などが挙げられる。また，「地元」といっても「校区」が範囲ともなれば，都道府県が単位ともなる。そして人々はこうした地理的スケールの重なり，すなわち重層的な地理的スケールのなかで生活し，場面に応じて使い分けたり，異なる役割を演じたりしている(16)。本書で取り上げる農村部についてみると，現在の農業集落という行政界ともなる物理的空間範囲は集落という社会集団をもとにしている。そしてさらに，農業経営を展開するうえで重要な意味を有しており，同一集落という社会的結びつき，その結びつきの束によって構築されるネットワークもまた重要な役割を担っている。本書はこの意味でのスケールを意識している。そして，重層的に構成される社会空間の各スケールの基底に存在する主体間の結びつきと，それによって構築されるネットワークを位相と称し，複数の位相の重なりを表す際に複相(17)，単一の位相を単相と称する。

3. 本書の目的

第1節で述べたように，農家が減少を続けるなかで，農地利用の維持には農地移動は不可欠である。さらに，農地は一般的な不動産とは異なり，単なる経済財として個別農家が自由に取引できるものではない。農地移動においては人間関係の調整が不可欠であり，基底にある農家間の社会関係を分析することが必要と考えられる。

そこで，本書の第1の目的は，農地の維持に向けた農地移動に至るプロセスに，農家間のいかなる社会関係が存在するのかを分析することである。そこから，農地移動が農業経営や農業集落にとってどのような役割を果たしているのか，農地利用の維持を通じてどのように農地が管理されているのかを明らかにする。

なお本来，農地移動は，農地法に基づく農地の所有権移動，貸借による利用権の設定という現象を指すものであった（島本 2001）。しかしながら，実際の農地取引には「ヤミ小作」と呼ばれることもある労働力交換の延長線上にあるような貸借や作業受委託の形も含まれ，農家も明確に使い分けているわけではない。さらに農地取引は農業経営基盤強化促進法に基づく場合など，準拠する法律は多様である。こうした現状をふまえ，本研究では，農地の売買や貸借，作業受委託といった現象を総称して農地移動として扱い，個別の取引自体を指す場合には農地売買や貸借，個別農家が大規模化を図るなかで農地を集めていく行為は農地集積と表記する。また，農地を供給する世帯と請け負う農家の表記については，農地移動という現象に対応する場合には出手と受手，個別の取引となる農地売買や貸借に対応する場合には売手や貸手，買手や借手と表記する。

次に本書の第2の目的は，複雑に展開する農業生産活動と村落の社会的特徴との相互関係を分析していくための分野横断的に援用可能な方法論の提示である。さまざまなスケールで構築される人間関係を網羅的に統合して分析することの困難は先述の通りである。一方で，空間構成要素を主体の認識から切り出し，村落社会の様相を説明する事例研究の蓄積がみられるなど，村落内で起こる現象の一部を切り出して検討することは可能と考える。

方法論を提示するためには，切り出す現象が農地移動のみでは不十分である。そこで，農業生産活動に関する現象として農家の出荷・取引の形態，共同作業を取り上げ，合わせて検討する。

フードシステム論が地理学に導入されて以降，研究課題としての農業生産空間は従来から着目していた生産部門のみならず，流通や消費の各部門も含むものとなった（荒木 2002; 高柳 2006)。生産から流通，消費に至るまでの一連の流れをフードシステムとしてとらえ，その構造やシステムそのものの解明に関心が向けられるなど，さまざまなスケールや主体，農産物を対象とする事例研究を蓄積してきた（荒木 1997; 斎藤 2001)。さらに，従来のフードシステム研究では構造やシステムそのものの把握が主たる研究目的であったのに対し，フードシステムが構築される過程に着目したフードネットワークのアプローチがさまざまな分野で行われるようになった（立川 2003)。こうしたアプローチにより，さまざまな行為を担う主体の動態が分析され，多様に展開する主体の特徴や戦略を，一面的な空間ではなく重層的にとらえることの必要性が示された。

Murdoch et al. (2000) では，主体の特徴や戦略に関して経済的側面だけでなく，非経済的側面からみた「地域の文脈 (localness)」が埋め込まれることによって，農産物は商品化されると指摘している。そして，農産物が商品化されるプロセスを取り上げた事例研究も蓄積されつつあり，生産から流通，消費に至る一連のフローにおいて，その仕組みが把握されつつある（伊賀 2007; 2008; 高柳 2007; 大橋・永田 2009; Futamura 2007 など）。

一連のフローが解明される一方で，個別の連携や協力，取引を通した主体間関係が既存の農業生産のあり方を変化させている事例が取り上げられている。たとえば中窪（2009）は，マンゴーを事例に，農産物のブランド化が推進されるなかで農家やその他の各主体間の力関係や統合形態の動きに注目した。そこではブランド化による産地振興が図られるなかで，「マンゴーブーム」などの偶発的要因に加え，生産者団体が長年の取引を通じて醸成してきた関係が重要な役割を果たしていることが示された。また林（2009）は，産地内の既存の流通に加えて，産地の枠組みを越えた生産者個々による新たな主体間関係の構築が，農業生産の維持や拡大に寄与していることを指摘した。

この他に，主体間関係について経済的合理性のみでは説明できないインフォーマルな要素を取り上げた研究もみられる。石塚（2008）は，生産物を流通させる行商の中心的担い手である農家の女性が安定的な顧客をどのようにして獲得していくのかを分析し，小規模な自営農民による食料作物栽培が個別の農業経営に与える影響を克明に描き出している。さらに池口（2002）は，鮮魚取引を通じて生産者と仲買人，露天商が複相的にネットワークを構築していることを示した。そのなかで，ネットワークの基底にある集団は，地縁集団というより，露天商という業態による集団的枠組みのなかで，生産状況に応じて随時組織化されていることが明らかとなった。また横山・櫻井（2009）は，所得向上に直結しない「地域生活集団」への参加状況と，地産地消活動への取り組み度合いの関連性を分析し，両者は無関係には行われないことを示した。櫻井（2008）は，こうした分析視角を複数の事例によって検証し，非経済的活動が経済活動に作用していることを明らかにした。

以上のように，多様な主体間関係から形成されるネットワークの存在が明らかにされ，さらに，形成されたネットワークが複相的に存在し，同一の主体がそれぞれの位相で異なる役割を果たしていることが示された。しかし，複相的に展開するネットワークの基底にある主体間の関係性や，その広がり方などは十分に検討されたとはいえない。地縁など従来からの社会関係に基づくネットワークとの相互関係のなかで，生産者団体などを基礎に新たに形成されたネットワークを相対化することが必要である。それはネットワークの基底にある農業者・農家間の関係において，個人や世帯は，地縁や血縁などを通じてさまざまな集団に属しているからである。ネットワークはそれぞれの機能に応じたさまざまな主体間の関係性を基礎に複相的に形成されており，単相のネットワークを独立してとらえるだけでは不十分である。

さまざまな主体間関係が基礎となって複相的に形成されてきたネットワークと農業生産とのかかわりのような，社会変動と経済活動との相互関係について分析する研究の枠組みの確立も求められている（高橋 1997b）。高橋（1997b）以降，荒木（2007）においても，経済活動としての農業生産について，非経済的側面や主体の織りなす関係性から分析していくことと，分析対象をとらえる方法論の確立が必要という高橋（1997b）同様の指摘がなされた。この分野における研究は停滞しているという見方もできよう。地理学におけるフードシステム論の隆盛以降，農業地理学の分析対象は流通，消費にも拡大したが，対象の拡大および，生産から流通，消費に至る一連のプロセスを一体としてとらえる視点と物理的な空間分布への関心が，逆に分析対象となる現象を明確に同定することを困難にしたとも考えられる（Hughes and Reimer eds. 2004）。多様な主体間関係から形成されるさまざまなネットワークの存在が農業生産の維持や拡大に寄与し，経済的合理性のみでは説明できない主体間関係の重要性が示されている。一方，農家などの主体がいかなる関係を基礎にして複相的ネットワークを形成しているのかを把握し，農業生産活動のさまざまな段階において，それらのネットワークが果たす役割を相対化していくことも求められる[18]。

以上のことから，第2の目的を達成するために，本書では，各農家の農業生産活動のなかから共同作業や出荷・取引形態を取り上げ，それらが農家間のどのような関係性のもとに展開しているのかを分析する。次いで，そうした関係性を通じて形成された複相的ネットワークの広がりや性質の差異が，各農家の農業経営にいかに寄与しているのかを考察することで，農業生産活動と村落の社会的特徴との相互関係を分析するための方法論の汎用性についても検討する。

4. 研究方法

1)　社会ネットワーク分析によるアプローチ

社会関係の広がりや結びつきを分析する手法の一つに，社会ネットワーク分析がある（ルイス 1986；Murdoch 2000；2006）。社会ネットワーク分析とは，行為者として個人や集団が意図的・非意図的な相互行為から取り結ぶ社会的諸関係を，集団内の規範との関連のみで説明するのではなく，人間同士がつくりあう関係そのものから分析するものである（森岡 1995；金光 2003）。

社会ネットワーク分析では，人間関係をノード[(19)]間に介在するパス[(20)]の有無や強度，パスの距離やノード媒介性などから量的に分析する場合が多い。しかし，本書で取り上げる農村部では経済活動と社会生活は不可分であり，農業者や農家間のさまざまな役割の結びつきが重なり合うなかに存在する（クラウト 1983）。それゆえに，ノードを結ぶパスの重なり方に関する質的な分析が求められるが，事例研究は緒についたばかりである（たとえばShortall 2008；Birkenholtz 2009；Magnani and Struffi 2009など）。

本書では，農家間の結びつきについて，農地の受手と出手の社会関係の広がりや結びつき方に注目する。これまで農家間の結びつきについては，地縁・血縁関係と一括りにして説明されることが多かった。しかし，日本の農村部においては地域内のほとんどの世帯は顔見知りであり，いくつかの同族集団に所属することも多く，すべての世帯が何らかの「地縁・血縁」を有しており，最大公約数となる「地縁・血縁」という説明では不十分である。地縁といっても集落や地区などその集団の有する物理的空間範囲によって性質は異なり，神社や小学校，水利組合などを基盤にした複数集落にわたる集落間の関係も存在する。さらには血縁も，親子や姻戚，本家—分家関係，その他の親戚など，親等数によって性質が異なる。本書では，対象地域の状況に応じて地縁をその空間的広がりから，血縁を親等数から，分類する。さらにその他の多様な社会関係についても，それぞれの性質に留意して分類し，合わせて分析する。

地縁を詳細に分類する必要性という点は，データ取得に際しても重要な観点となっている。たとえば受手農家に「どうして○○さんのところから農地を引き受けたのですか？」と質問すると，「地元の顔見知りだから」と回答されることは多い。この時の「地元」は，近隣世帯や他集落，市町村などがすべて包含される語句であり，いずれも「地縁」と一括りにできるものである。この回答からはそれ以上の説明はできない。しかし，上述のようにそれぞれの関係の物理的空間の広がりは異なるものである。農地移動において地縁の意味するものを明確にするためには調査方法に工夫が必要なのである。

日本の農村部の実態に即して考えると，ノードとなる農家ＡとＢの間にあるパスは，近隣世帯であり，血縁も有し，かつ同い年であるといったように，さまざまな役割の社会関係が重なり合うなかで存在することで社会空間が構築される。こうしてでき上がったノードとそれらを結ぶパスの束であるネットワークが複相的に存在するのである[21]。このような結びつきにある農家ＡとＢの農地貸借の契機となった関係についてのデータを得ようとする際，それぞれに「どういった関係で農地を借りた（貸した）のですか？」と尋ねると，Ａは「近くに住んでいるから」Ｂは「親戚だから」などと返答が食い違うことは容易に想像できる。どちらも間違いではないが，この調査方法であるとＡ―Ｂ間の結びつきは断片的にしかとらえられない。「同い年」という結びつきが欠落し，ときに「食い違う意見」として無効なデータに捨象してしまいかねない。

こうした問題点を克服するために，本書は，個人や世帯間の結びつきに関するデータについては，居住地や年齢，ライフコース，職業などを調べ，各個人・世帯がどのような社会集団に属しているのかを全体として把握することで主体間の関係をとらえる。さらにこうして把握した主体間の関係の組み合わせを分析する。主体間の関係を共通の指標で表すことが可能となることで，地域全体で複相的に展開するネットワークの基底にある各主体間の関係の内実を体系的に検討することができると考える。

本書では，このような，さまざまな役割のものが重なり合って結びつく農村部に特徴的な関係のあり方を「ムラ的な社会関係」と呼ぶことにする。本書のような，社会関係を組み合わせから分析する手法についてボワセベン（1986）は，多重送信（multiplex）―単一送信（uniplex）という概念を用いてアプローチしている。この概念はノード間のパスとなる結びつきをそれぞれの役割によって分け，結びつきの重なり方からノード間の関係を分析するものである。たとえば，ノード間に経済取引だけでなく地縁，血縁などが不可分に重なり合う場合は多重送信的関係となり，ノード間が経済取引のみで結ばれている状態は単一送信的関係となる。日本において，この概念を用いた分析事例としては大谷（1995）の，都市化度の違いと人間関係の存在形態の関連性をめぐる分析がある。大谷によると「農村的」地域では「小規模で高密度」で「多くの役割が重複している」多重送信的な関係が広くみられ，「都市的」地域になるにつれて，「大規模で低密度」で「個人の選択性」の強い単一送信的な関係が多くなるとしている。この概念を援用することによって，社会関係の重なりというような質的側面を明確に分析することが可能となる。一方で，日本農村の事例研究において，多重送信性―単一送信性という概念の適用可能性については，さらなる理論的検討と用語としての安定性が必要となる。そのため本書では，ノード間のパスが農村部で特徴的な集落や血縁，年齢などさまざまな役割を有する社会関係が不可分に重なり合う多重送信的な状態を「ムラ的な社会関係」とする。従来，「ムラ的な社会関係」の重なり方などについては考慮されず，重なり合っている状態や各パスに含まれ最大公約数となる社会関係を代表値として説明されることが多い。こうしたことから，さまざまな役割の社会関係が重なり合うパスの状態を「ムラ的な社会関係」と表記し，その内実を重なり方に注目して分析する。

農地移動については，社会関係の組み合わせを説明変数，農地移動を被説明変数として分析する。分析対象として，研究対象地域における個別農家の農地移動を取り上げる。こうした分析に基づき，個別農家の農業経営において，農地移動がどのような役割を果たしてきたのかを考察し，農業集落という物理的空間において，農地移動を通じてどのように農地利用が維持されてきたのかを明らかにする。

出荷・取引の形態，共同作業などについても，社会関係の組み合わせを説明変数，出荷・取引の形態などを被説明変数として分析する。各農家がどのような社会関係の重なりのもとに共同作業および出荷・取引を行っているのかを分析し，各ネットワークの位相が農家間のいかなる社会関係を契機として形成され，その複相的ネットワークが各農家の農業経営にいかなる役割を果たしているのかを考察する。

農家間の社会関係を分析指標として適用するのは，まず農地や農業をめぐる各種取引が大規模化などの経済的側面に加え非経済的側面も有していることによる。農地移動は，必ず農地の受手と出手があり，両者の間に存在する地縁や血縁などの何らかの社会関係を契機として展開する。農地の受手と出手の関係を分析することで，経済的，非経済的側面のいずれを問わず農地移動を広い観点から考察することが可能になる。共同作業や出荷・取引形態においても同様に，必ず二者以上の主体が存在することによって展開する。農家間の関係そのものを分析するため，それぞれの村落の社会的特徴や地域，国内外を問わずに，農業生産をめぐる諸現象を分析する際に有効な手段になるであろう(22)。

なお，本書ではノードとなる主体は農業者個人ではなく農家を採用する。というのも，関係の契機となるのが農業者個人である場合も，その行動は農業生産にかかわる主体として農業経営体である農家に包含されるものとなり，地縁などにより構成される社会集団でも農家が最小の単位となるためである（高橋 1987）。なお，似たような語である世帯について，住居を共にするが生計を異にする場合は別世帯となる。とくに親世代と子世代が同居する場合などは２世帯となるが，農業経営体としては１戸の農家となる。農村部の社会生活上，世帯と農家は明確に使い分けされていないことから，本書では世帯も農家として使用する。

2）　研究対象地域の選定

農地移動はその地域の農業的特徴によって多様なあり方を呈している。そのため本書では，農地利用をめぐる農業的特徴が異なる複数の地域を選定して，農地移動の起こる仕組みを分析する。農地利用をめぐる農業的特徴は大きく次の二つに分けることができる。一つは，規模拡大が農業経営の合理化を図るうえで必要な，すなわち大規模化に経済的メリットが見出せる地域，もう一つは，規模拡大の必要性が低い，すなわち規模拡大に経済的メリットが見出しにくい地域である。前者では農地移動は経済的側面にウェートがおかれるなかで展開することが予想され，一方，後者では農地移動が非経済的側面にウェートがおかれるなかで展開することが予想される。

農地移動が経済的側面から展開する地域では，専業農家は，世帯収入における農業の役割が低い兼業農家や土地持ち非農家から農地を集積している（斎藤 2007）。このような農地移動が展開する地域では，農業生産は経済活動として有効に機能するため，農地の中心的な受手となる専業農家も多く存在すると考えられる。他方，農地移動が非経済的側面により展開する地域では，専業農家であっても積極的に農地を引き受けないことが予想され，農地の受手となる農家は不足すると考えられる。これらのことから，農地の受手と出手の多寡を指標にすると，経済的側面と非経済的側面のいずれにウェートをおいた農地移動かも分析できる。

先行研究で，借手と貸手の多寡から，農地貸借市場の地域差を検討した細山（2004）によると，借手と貸手が不均衡に存在する背景には，兼業化の程度の違いがあるという。とくに第2種兼業農家率の高い北陸や近畿においては，借手より貸手の多い借手優位の農地貸借市場が展開しているという。とくに近畿では，農外就業における労賃水準が北陸よりも高く，兼業化や離農が進んでおり，農業の経済的役割は低い。一方，農外就業機会の少ない北海道や東北では専業農家率が高く，貸手より借手の多い貸手優位の農地売買・貸借市場が展開している。各農家の大規模化への志向性が高く，経済的目的により農地貸借が行われている。さらに，東北から北陸に向かうほど地代は低くなり，近畿ではさらに低くなり，農地の売却や賃貸によって見込まれる収益は少なく，「家産としての農地」の維持という性格が強くなる。これらのことから，近畿のような専業農家や兼業農家，土地持ち非農家が混在し借手優位な「家産としての農地」の維持が図られている地域は，規模拡大の果たす経済的役割が低く，農地移動の非経済的側面をとらえやすいと考えられる。

しかしながら，北陸や近畿のような借手優位な地域においても，農業経営を行ううえで，規模拡大が必要な事例も存在する（秋津 1998；田林 2007など）。農業経営のなかで規模拡大の必要性が低い事例は，借手と貸手の多寡のみでは明確に抽出することが難しい。先行研究を検討すると，規模拡大の必要性が低い地域においては，水稲作とその他の野菜作や果樹作との複合経営を行い，水稲作以外の農業生産に収入を依存する場合が多い（森本 1991；淡野ほか 2008；佐々木 2009）。たとえば，労働集約的な果樹作と水稲作の複合経営が卓越する地域においては，水稲作の収益性は低いものの，農地移動が進むことによって農地利用は維持されている（佐々木 2009）。同様に，関東の施設園芸が卓越する地域においては，多くの農家は労働集約的な施設園芸に収入を依存し，田の経済的役割は低い。このようななかで，地権者が周辺農業集落で大規模に水稲作や普通畑作を行う借地農家へ貸し付けることによって農地管理を図る事例もみられる（淡野ほか 2008）。一方，水稲作と施設園芸の複合経営が卓越する地域において，農地移動が進まない場合には，耕作放棄される傾向も指摘されている（森本 1991）。以上のことから，非経済的側面から農地移動の展開する地域の事例としては，借手優位な地域であることに加え，規模拡大の必要性が低く，米以外の作物から収入の大半を得る複合農業経営の卓越する地域が適当と考える。

本書の研究対象地域として，まず規模拡大に経済的合理性が見出せる農地移動が展開する事例として，日本で最も大規模化が進行する十勝平野の中央部に位置する北海道河東郡音更(おとふけ)町大牧・光和集落と（第Ⅱ・Ⅲ章），関東平野の水稲単作地域である千葉県成田市北須賀地区を選定した（第Ⅳ章）。次に，規模拡大に経済的合理性が見出しにくく非経済的側面から農地移動の展開する地域の事例として，水稲作と露地野菜作が卓越し，小規模経営ながら集落を単位とした農地管理が図られている淡路島三原平野に位置する兵庫県南あわじ市上幡多集落を選定した（第Ⅴ・Ⅵ章）。

十勝平野では，1961 年の農業基本法制定以降，本州の水稲作地帯よりも早い時期に農業経営の大規模化が達成されている（「畑研」研究会編 1998；天野・藤田 2005）。音更町はその十勝平野の中央部に位置し，東部の長流枝（おさるし）内丘陵，北西部の然別（しかりべつ）川流域の低湿地を除き，ほとんどが平坦で農業的土地利用が卓越している。農家数は 1960 年の 2,252 をピークに減少傾向にある。1 戸あたりの平均経営耕地面積は，主に離農する農家の農地が農業を継続する農家によって集積されることで拡大している。農家 1 戸あたり平均経営耕地面積は 1955 年の 7.8ha から 2005 年には 28.1ha にまで増加した。音更町の大部分では，小麦とマメ類，バレイショ，ビートのいわゆる「畑作 4 品」を主産品とした大規模畑作経営が卓越し，大規模化に向けた農地移動を分析する事例として好適と考えられる。

印旛沼に面した千葉県成田市北須賀地区は，国営干拓事業によって農地の拡大が実現し，他方では漁場の環境改変によって漁業が大きく後退したため，生業形態が大きく変化した。農業的特徴としては水稲単作による農業経営が卓越し，農地の排水条件が良くないために麦類やマメ類への転作が難しい点が挙げられる。世帯収入の多くを占めていたと考えられる農業は，農業構造改善事業の実施による農業の機械化や省力化，さらには成田空港建設にともなう兼業機会の増大，周辺の都市化の影響を受け大きく変化した。その一方で農地利用は継続され，可視的には水田の広がる景観が維持されている。日本農業の全般的な問題である水稲単作経営への偏重傾向や兼業農家の卓越，離農の進行といったなかでの農地利用のあり方を考えていくうえで妥当な事例であるといえよう。

他方，南あわじ市は，淡路島南部に位置し，周囲は海と山に囲まれ，中央部に三原平野が広がっている。2005 年 1 月の三原郡三原町と緑町，西淡町，南淡町の合併により成立した。南あわじ市の平野部の大部分では農業的土地利用が卓越している。一方で，明石海峡大橋の開通以降，小規模な住宅開発やコンビニエンスストアなどの商業施設が増加し，都市的土地利用への転換もみられる。

南あわじ市では，水稲とタマネギに，キャベツあるいはレタス，ハクサイなどを組み合わせた「三毛作」の輪作体系が広く普及している。農地は1年を通じて集約的に利用され，2005年現在，農地の利用率は南あわじ市全体で165.0％となり，耕作放棄地は少ない。主要産物であるタマネギとキャベツ，レタス，ハクサイは，秋から春にかけて市場で一定の地位を保っている。各農家は農地利用の回転率を高めることによって収益性の向上を図っている。全国的に，大規模化の難しい耕作条件のなかで三原平野ほど農地が耕作放棄地化せずに利用されている地域は少ない（古東 1997）。三原平野のように土地生産性を高めることによって収益を増大させる地域では，高価格で販売できる野菜作や果樹作に労働力を集中し，収益性の低い水田などを放棄する事例もみられる（森本 1991）。非経済的側面から農地移動が展開する事例として，三原平野は好適と考えられる。

最後に農地移動に経済的役割を見出せない地域として，山間部や中山間地域が挙げられる。これらの地域では，山間地などの地形条件などにより商品作物栽培が難しく，水稲単作による農業経営形態では，世帯収入の大半を農外から得たり，年金収入に依存したりという状況である（吉田 2011）。こうした場合，農地利用の維持は平野部に比べてさらに深刻な問題である。

そこで本書では，中山間地という地形条件に加えて遠隔地という地域条件にありながらも，農地が継続的に利用されている熊本県天草市宮地岳町を事例に取り上げる（第Ⅶ章）。宮地岳町では，葉タバコが生産調整の対象品目となって以降，農業の経済的役割は相対的に低下傾向にあった。さらに，農業従事者が減少していくなかで農地利用を維持していくために，個別農家と集落営農組織が，それぞれ借地経営や作業受託によって農地を請け負っている。中山間地が広く分布する熊本県内において，宮地岳町は農地利用の維持を通じた管理が機能している先進地域として位置づけられており，研究対象地域として好適と考える。

注

(1)　たとえば神門（2012）は，こうした「耳ざわりの良い」キーワードが農業の抱える本質的な問題から目を逸らす要因の一つになるとし，マスコミや関連学界の責任を厳しく問うている。筆者は神門の主張に全面賛同するわけではないが，学術界において研究資金の獲得を目的化した「耳ざわりの良い」キーワードの羅列が礼賛されるような状況については問題であると考える。

(2)　「農地」という語句には，「（経営）耕地」や「圃場」など類似の語句が多数ある。本書では「農地」を，「耕作の目的に供される土地」という農地法の定義に従って使用する。また，「（経営）耕地」は個別農家の経営する農地として使用する。

(3)　本書で使用する「農家」は「経営耕地面積が10a以上の農業を行う世帯又は過去1年間における農業生産物の総販売額が15万円以上の規模の農業を行う世帯」という農林業センサスの定義に従い，農家に属して農業を担う個人を指す際には「農業者」と表記する。また，「専業農家」や「（第1・2種）兼業農家」などの農業関連用語についても農林業センサスの定義に従って使用する。

(4)　「農村」が具体的にどういった空間を指すのか明確に区分することは困難である。都市化の進展しつつある近郊農業地域も農村であるし，農地が一面に広がる空間も農村であり明確に区分できない（し，区分する必要性もない）。本書では「農村」を，農業的土地利用などの可視的諸要素により「農村」として共通に認識される低人口密度地域とし（クラウト 1983），「都市」と対置する地域という意味で使用する。類似する用語として「村落」は「ムラ」とも称されることがあるもので，農村部における複数の「イエ」が社会的，文化的に結びつきをもった共同体という意味として使用される。イエとムラについて，イエは建築物としての家と区別するうえで血縁をもとにして結びつく社会集団として世帯・家族を指す際に使用し，ムラは自治体としての「村」ではなく，イエの集合体として構成される社会集団として使用する。なお「農業集落」は行政界を有する物理的空間のみを指す場合に使用し，「集落」はその行政界を単位として結びつく個別の社会集団と，それに附帯する物理的空間の範囲を指す際に使用する。

(5)　一般的に，農地移動は農地法に基づく農地の所有権移動，貸借による利用権の設定という現象を指すものである（島本 2001）。本書での用法は後述する。

(6)　第Ⅰ章および第Ⅷ章中の「現在」は，執筆時の「2014年現在」とする。

(7) 「農業経営基盤強化促進法の規定に基づき，都道府県の作成した基本方針，市町村の農業経営基盤強化のための基本構想に基づく『農業経営改善計画』を市町村に提出し，認定を受けた農業者（法人を含む）」を指す（農林業センサス）。

(8) 都道府県ごとに名称は異なるものの，主たる目的は農地集積で共通している。

(9) 可能な限り隣接分野の先行研究も参照したが，以下では筆者の力量もあり地理学を中心としたレビューとなっている。その他の分野については今後の課題としたい。

(10) 吉田ほか（2010）でも，水稲単作地域における事例研究において「離農世帯も早くに大規模化を達成していることがあり，まとまった農地の耕作が中止されることになる。さらに，各農家の経営耕地は分散状況にあり，大規模化が生産費の削減に直結していない」と指摘している。

(11) 経営耕地を他の農業集落へ拡大すること。

(12) たとえば，封建的な地主制や所有権と小作権の関係を分析することから，農地管理や土地利用形態がどのように整えられてきたのかについて，多くの研究蓄積がみられる（安孫子 1986；岩本 1987）。

(13) 本節末で詳述する。

(14) 同一集落というような，社会的結びつきを経て形成される空間を社会空間と呼称する。本書で用いる社会空間の詳細かつ明解な説明として島津（1993）が挙げられる。

(15) 兼業農家を取り上げた研究であるが，農業に対する経済的，社会的側面の双方に注視し，農業労働力の確保と世帯維持を各世帯員のライフコースとの関連から分析した関根（1998）の研究は秀逸である。

(16) 地理的スケールの詳細について日本語でわかりやすく説明されたものとしては山﨑（2010）が挙げられる。

(17) この表記は山口（2008）の「複相ネットワーク」という用語を参考にしている。山口は複数の社会集団を移動する個人を描く時にこの語を用い，本書での考え方にも通底するものであることから，本書ではこの表記を使用する。

(18) 堤（1995）は茶産地の産業近代化をめぐり，Local, Regional, National, Global の各スケールにおけるさまざまな主体の果たす役割と，その相互関係について明らかにするとともに，その分析視角を提示した。本書は堤の提示した分析視角を参考にしながら，課題として残された生産・流通について，Local 内の各位相の動態に着目して検討する。

(19) ノードは結節点とも呼ばれるもので，本書では農家や青果物業者などネットワークを取り結ぶ主体を指す語として使用する。
(20)　各ノードを結びつける紐帯を指す語として使用する。
(21)　こうしたパターンは無数にあり，本章中の例に限定されるものではない。本書では，事例地域の村落の社会的特徴のあり方に応じて検討し，分析の指標とする。
(22)　とくに農地の過剰利用などが問題とされるような発展途上国での研究や，共有地利用に関する研究への応用は，土地といった資源の管理方策を検討していくうえで有用なものになると考えられる。他地域への応用の可能性については，本書の事例研究の結果をふまえて展望したい。

第2部　大規模化に向けた農地移動と社会関係

第Ⅱ章　北海道十勝平野における農地移動プロセスと農業経営の大規模化

1. 本章の課題

北海道の大規模農業経営に関する研究については，主として農業経済学の分野で研究が蓄積されてきた。とくに農地移動については，坂本ほか（1994）が，負債整理を原因とした離農にともなう売買から，労働力不足を理由とした離農にともなう貸借へと移行していることを明らかにした。これらの農地移動の契機として，十勝平野では地縁・血縁に基づく個別農家間の相対取引によるものが一般的であるとされている（たとえば柳村 1999; 竹中 2004 など）。

北海道においても本州の水稲作地帯と同様に，農地移動に際して地縁や血縁に基づく社会関係が影響している。これらの社会関係は農地移動の契機になっているが，他方では相場に応じた地代設定などにおいて障害にもなるとされており，大規模化が収益性の向上に結びつかない場合も報告されている（柳村 1999）。柳村は，この旧知の関係による農地貸借が，借手は小作料の引き下げ，貸手は小作料の引き上げを申し入れにくい状況を生み出し，大規模化が必ずしも収益性の向上につながっていないと結論づけている。

一方，細山・若林（2007）は作付動向と経営規模の拡大との関係の分析から，さらなる大規模化を志向する農家が出作による規模拡大を図っていることを指摘している。しかし，出作による規模拡大が大規模経営を存立させるうえでいかなる役割を果たすのかは明らかにされていない。さらに，大規模経営体群がいかなるプロセスを経て，農地集積を実現してきたのかについての分析も今後の課題としている。

また，十勝平野では離農後も引き続き農地を保有する離農農家の増加によって，1990 年代後半から町や農協などが仲介する作業受委託もみられるようになった（谷本 1998）。作業受委託では，受託農家と委託農家の関係が農地の取引に限定された取引形態を生み出している。このように，農地移動にかかわる社会関係の属性によって農地の取引形態は異なり，それぞれの取引が大規模経営に果たす役割も異なる。それぞれの農地移動が大規模経営にいかなる役割を果たしているのかを明らかにするためには，個々の農地移動にかかわる社会関係を質的側面から分析することが求められる。

以上の点をふまえて，本章では日本において先駆的に大規模化を達成してきた北海道大規模畑作地帯を事例として，開拓期から現在までの長期間にわたって大規模化の基盤である農地移動が，農業者のいかなる社会関係のもとに展開してきたのかを分析し，それぞれの農家の農業経営においていかなる役割を果たしてきたのかを考察する。

手順としては，まず対象地域の全農家への聞き取り調査から得た，開拓・入植から現在までの経営形態と農地の分布状況，その農地の取得年次，相手，経緯に関するデータと，集落や小学校，中学校の記念誌，離農者名簿(1)から得た，離村農家の居住地や離村年のデータを用いて対象地域における農業経営形態の特徴を示し，社会関係を整理する。次に，対象地域における農地移動の歴史的変遷を分析する。最後にこれらの結果をもとに，それぞれの農地移動の背景にある社会関係の特徴から，農地移動プロセスの類型化を行い，類型ごとに農業経営にいかなる影響を与えたのかを考察する。現地調査は 2007 年 3～4 月，6～7 月，9 月にかけて延べ約 40 日間にわたって実施し，本章中の「現在」は調査を実施した「2007 年現在」とする。

2. 音更町大牧・光和における農業経営と社会関係

1）音更町の農業的特徴

研究対象地域は，北海道河東郡音更町大牧・光和集落（以下，大牧・光和）を事例とした（図1）。音更町は十勝平野中央部に位置し，東部の長流枝内丘陵，北西部の然別川流域の低湿地を除き，ほとんどが平坦で農業的土地利用が卓越している。気候について，夏季は比較的温暖で冬季は寒冷である。積雪は11月初旬に始まり，例年1m前後である。融雪は3月に始まり，農作業の開始は4月下旬からである。

2005年における音更町の人口は42,452，世帯数は16,021，人口密度は91.1人/km^2（総面積466.1km^2）である。音更町南部の人口集中地区は，帯広市街地のベッドタウンとなっており，人口は増加傾向にある。一方，農家数は1960年の2,252をピークに減少傾向にある（図2）。1戸あたりの平

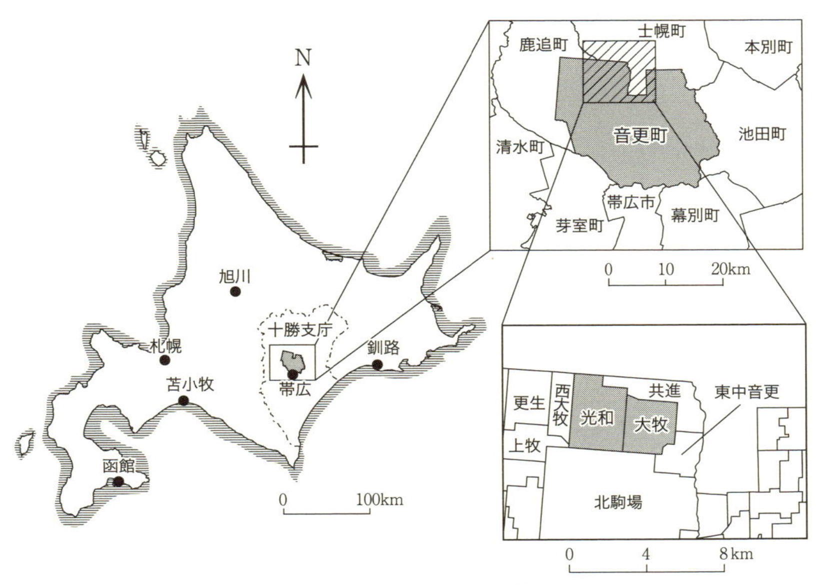

図1　音更町大牧・光和の位置

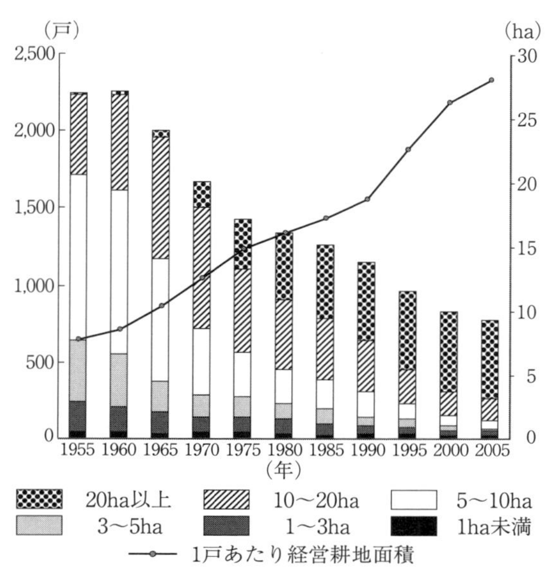

図2　音更町における経営規模別農家数と平均経営耕地面積の推移（1955～2005年）
（音更町役場提供資料より作成）

均経営耕地面積は主として離農家の農地を集積することで拡大している。平均経営耕地面積は1955年の7.8haから2005年には28.1haにまで増加した。

音更町南部の人口集中地区周辺では小規模な露地野菜作が展開している。それ以外の町内の大部分では小麦とマメ類，バレイショ，ビートの「畑作4品」を主産品とした大規模畑作経営が卓越し，土地条件の悪い川沿いなどでは酪農が行われている。

2）　大牧・光和における農業と社会関係

大牧・光和では，1950年に北海道種馬育成所北農場（現在の家畜改良センター十勝牧場）の部分開放にともなう払い下げによって入植が開始された。開放された土地は1,800haであり，現在の大牧・光和・西大牧集落（以下，この3集落を総じて大牧開拓区とする）の範囲に相当し，3集落に141戸が入植

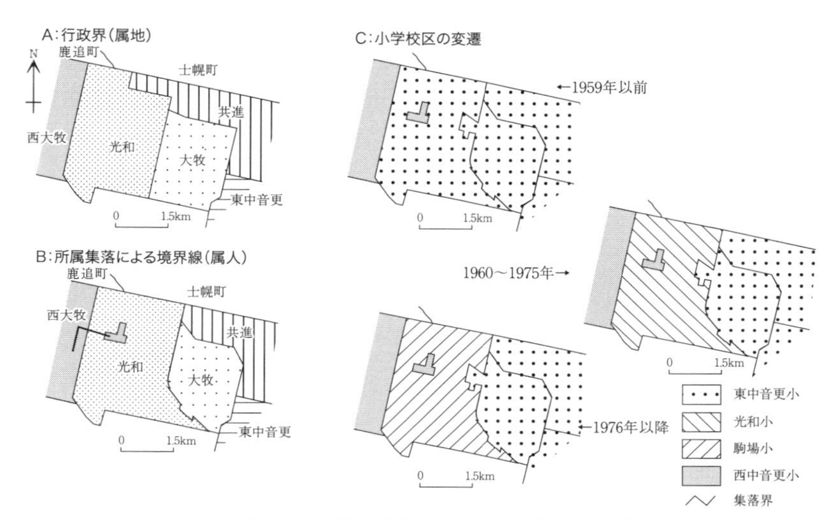

図 3　音更町大牧・光和における小学校区の変遷

（聞き取りおよび音更町役場提供資料より作成）

した。当時の集落は大牧と新大牧（現在の光和の南東部），西大牧の 3 集落で現在の集落界と異なっていた。その後，4 度の集落の分離・合併を経て 1999 年に光栄と新大牧，南大牧が合併し光和となり，現在のような集落界となった（図 3）。

2007 年現在，大牧・光和には 31 戸（大牧 12 戸，光和 19 戸）が居住し，そのうち農家は 27 戸（大牧 11 戸，光和 16 戸）である。経営形態別にみると畑作専業（以下，畑専）が 19 戸，畑作酪農複合経営が 2 戸，野菜専業が 1 戸，酪農専業（以下，酪専）が 5 戸である（図 4）。主要作物は小麦とビート，バレイショ，小豆，大豆，ナガイモ，飼料用作物のデントコーン，オーチャードグラス，青刈りエン麦である。

非農家は 4 戸であり，そのうち 3 戸が離農世帯で残り 1 戸が道外から転入した世帯である。非農家の就業形態については 3 戸が年金受給で，1 戸が自営業である。大牧・光和における農家 1 戸あたりの平均経営耕地面積は 42.9ha で，北海道平均の 18.6ha，十勝支庁平均の 31.9ha，音更町平均の 27.1ha と比較すると大規模である。しかし，それぞれの農家の経営耕

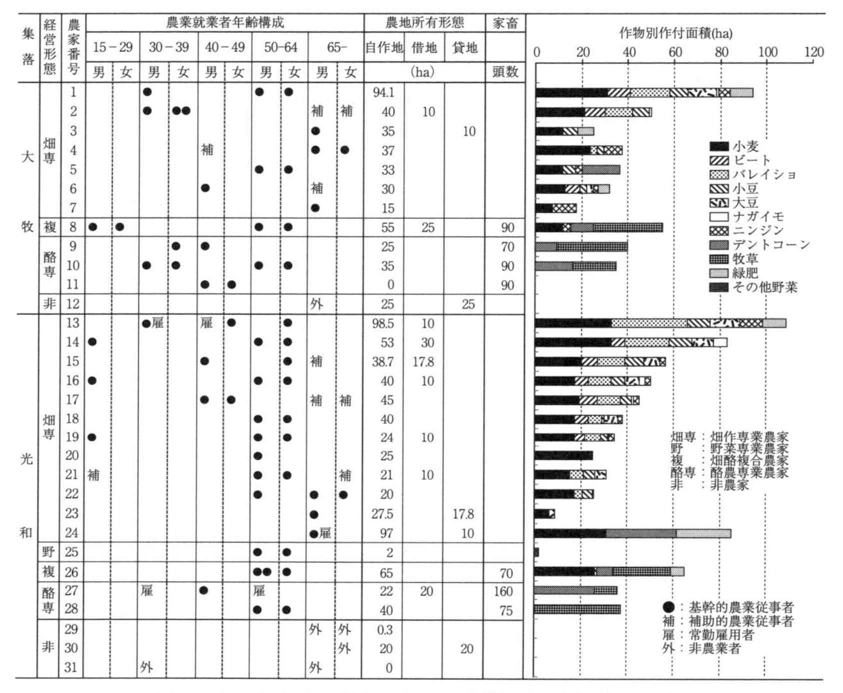

集落	経営形態	農家番号	農業就業者年齢構成 15−29 男	15−29 女	30−39 男	30−39 女	40−49 男	40−49 女	50-64 男	50-64 女	65- 男	65- 女	農地所有形態 自作地 (ha)	借地 (ha)	貸地 (ha)	家畜 頭数
大牧	畑専	1			●				●	●			94.1			
		2			●	●●					補	補	40	10		
		3									●		35		10	
		4					補				●	●	37			
		5							●	●			33			
		6					●				補		30			
		7									●		15			
	複	8	●	●					●	●			55	25		90
	酪専	9				●	●						25			70
		10			●	●			●	●			35			90
		11					●	●					0			90
	非	12									外		25		25	
光和	畑専	13			●雇		雇	●		●			98.5	10		
		14	●						●	●			53	30		
		15					●			●	補		38.7	17.8		
		16	●						●	●			40	10		
		17					●	●			補	補	45			
		18							●	●			40			
		19	●						●	●			24	10		
		20							●				25			
		21	補						●	●		補	21	10		
		22							●		●	●	20			
		23									●		27.5		17.8	
		24									●雇		97		10	
	野	25							●	●			2			
	複	26							●●	●			65			70
	酪専	27			雇		●		雇				22	20		160
		28							●	●			40			75
	非	29									外	外	0.3			
		30										外	20		20	
		31			外						外		0			

図4　音更町大牧・光和における農業経営形態（2007年）

（聞き取りにより作成）

地面積は2ha程度から100ha以上までさまざまであり，農家ごとに異なる形態で農地が集積されてきたと考えられる。

大牧・光和における社会関係は表1のように整理できる。まず，社会関係は大きく二つに分けられ，一つ目は定住に基づく拘束的な関係である（上野 1994）。これに該当するものとして，地縁や血縁，学校や開拓を通じた結社縁(2)がある。このうち地縁や結社縁については，それぞれの関係において空間的範囲が存在している。一方で血縁は定住によって形成される拘束的な関係であるが，血縁に基づく関係の広がりには明瞭な空間的範囲は存在しておらず，地縁や結社縁とは性格が異なる。二つ目は地縁や血縁，結社縁によって説明のつかない社会関係である。このような関係は，上野

表1　音更町大牧・光和における社会関係の分類

属性	関係の種類	備考
地縁	A 近隣農家	異なる集落の場合もある
	B 集落	同一集落なら中音更地区でもある
	C 中音更地区	
	D 音更町内他地区	
	E 音更町外	
結社縁	F 開拓以前より	北海道種馬育成所北農場小作人
	G 開拓農家	1950～1955年に入植
	H 二次入植	1956年以降に転入
	I 小学校関係	Iをもつ場合Jももつ
	J 中学校関係	
血縁	K 親戚(2親等以内)	
	L 親戚(3親等以上)	
	M 姻戚	
間接縁	N 農業委員	受け手がいない時に引き受ける
	O 公的機関	農業開発公社，農協等
	P その他	その他の友人関係

（聞き取りにより作成）

によると「都市的な社会関係の基盤」であり入脱退が可能な選択性の強い「選択縁」と呼ばれている。大牧・光和において，これに該当するものとして，農協や農業委員会などの公的機関を介して形成された関係や，その他の趣味などを通じた交友関係などが挙げられる。これらの関係は，第三者的組織等を経由し，農家自身の意志で入脱退が可能なものの，取引相手を自由に選択できない場合もあることから，本章では「間接縁」と呼ぶことにする。

また拘束的な関係である地縁においても，物理的距離による程度の差がある。田畑（1986）によると，集落を単位とした結びつきが存在し，さらに集落内においては「同じ道路ぞいに並ぶ農家同士の近隣関係が最も自然な結びつきをなす」とされている。これは大牧・光和においても同様である。まず，自治会活動などを通じた集落の物理的空間範囲内での結びつきに加え，同一道路沿いに立地する農家同士の結びつきが存在する。この集落という地縁集団は農協の下部組織に相当する農事組合という機能集団の境界とも一致している。集落を単位として1月初旬に新年祭り，4月中旬に春祭り，7月中旬に馬頭祭，9月中旬に秋祭りが行われ，集落が農作業に関連する行事の実施単位ともなっている。この他に，寄り合いや草刈りなどへの出役も義務となっている。

さらに広域的な地縁的結びつきを生む単位として，中音更地区協議会（以下，中音更地区）がある。中音更地区には大牧，光和に加えて大牧の北東に隣接する共進集落（以下，共進）と，南東に位置する東中音更集落（以下，東中音更）が属することから，本章ではこの結びつきを「中音更地区」と呼ぶことにする。中音更地区という地縁集団においても祭事や，行政等からの補助事業に対する助成を受ける単位となることがある。地区は集落より広い物理的空間範囲となるが地縁集団として集落と同様の性格を有している。また同時期に開放された西大牧は西中音更地区に属し，大牧・光和とは集落や地区としての結びつきはない。しかし，大牧と光和，西大牧は同時期に入植が開始され，開拓期に伐根作業や開墾などを共同で行ってきており，開拓という機能集団であるが集落や地区と同様の地縁集団的性格を有している。中音更地区，大牧開拓区は，集落と異なる物理的空間範囲の地縁を醸成する単位となっている。

戦後開拓地であることから，大牧・光和では血縁による結びつきをもつ農家は少ない。対象集落において，親戚関係にある農家は２親等以内の６戸，３親等以上の４戸，姻戚関係の４戸であるが数世代にわたって継承されてきた同族集団は存在しない。結社縁には開拓期に入植した農家同士（以下，開拓農家）による結びつきと，小学校や中学校での同級生，同窓生，ＰＴＡ役員同士などの交友関係（以下，小学校関係と中学校関係）による結びつきが存在する。大牧・光和における中学校区は同一であるが，小学校区は各世帯の入植時期や小学校設立へのかかわりによって決まっており，集落界や地区とは異なる地域単位として存在する。天水に依存する畑作であることから用水にかかわる社会関係は存在しない。各農家はこれらの重層的な社会空間のなかで独立した農業経営を展開している。

3. 大牧・光和における農地移動の変遷

大牧開拓区開拓時，1区画10haで農地が売り出され，合計141区画が販売された。開拓時の価格は2,049円/区画（参考：1950年の理髪料は95円）であった（光和五十年事業実行委員会編 2002）。入植は1950年から順次行われ1955年にはほぼ完了した。

入植完了後，初めて農地移動が起こったのは1957年に大牧の農家がパラグアイに転出した時である（図5）。離農跡地には，1958年に鹿追町の農家が転入した。この時の1区画の価格は150万円であり，開拓時から地価は急騰していた（東中音更小学校開校七十周年記念協賛会 2000）。両集落の挙家離村は，パラグアイへの転出農家の離村を皮切りに1960年から増加し始めた。1962年には1年間で10戸が離村した。このような挙家離村は1970年代末まで続き，全体で79戸に達した。

1960年から1970年代半ばまでの農地移動のほとんどは，売買によるものであった。このような傾向がみられた要因として，北海道の農業特有の金融制度である「組合勘定制度（以下，組勘）」が挙げられる。組勘は牛山

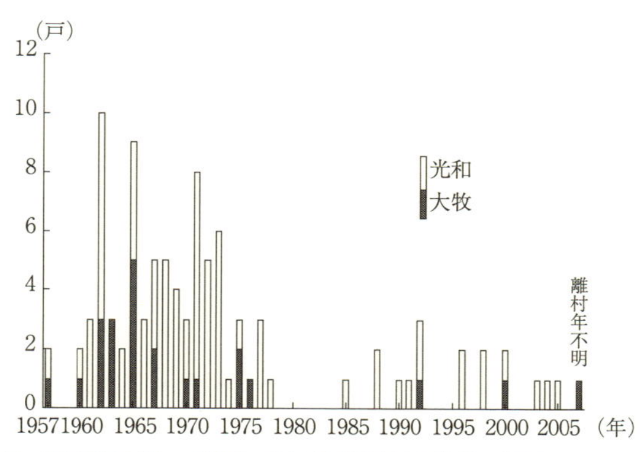

図5　音更町大牧・光和における離村者の推移（1957〜2007年）

（天間・佐々木編（1979），協賛会記念誌部会編（1980），東中音更小学校開校七十周年記念協賛会（2000），光和五十年事業実行委員会編（2002）より作成）

(1989) によると，農協が「営農年間計画書の収入計画の8割の範囲で営農資金・生活資金その他の資金を短期貸付」し，農地購入や施設投資にかかわる「長期投資資金は，政策資金が担う」制度である。この際，短期資金は農産物を，長期資金は農地を担保とし，農業経営が破綻した際には離農勧告がなされた。営農資金は農協によって一括して管理された。離農勧告がなされた農家は担保である農地を農協に差し押さえられ，離村することが一般的であった（天間編 1980）。さらにこの時期の大牧・光和の交通条件は悪く，通勤兼業が困難であった。債務償還ができないという理由以外で離農した世帯も，土地を売却して離村していくことが多かった。

一方，営農を継続する農家（以下，存続農家）は離農跡地を集積することにより規模拡大を図っていった。音更町の農家は1960年から1969年までの第1次農業構造改善事業により，大型農業機械による農作業体系へ転換することになった。新たに創設された融資制度を活用し，長期的な農業経営計画を立て，これに対応しえた農家のみが営農を継続できた（音更町農業協同組合編 1999）。さらに，1970年から実施された第2次農業構造改善事業では中音更地区に事業費2億7,900万円が投入され，「農協直営の麦類乾燥調整施設建設と利用組合が利用運営管理するトラクター25台，コンバイン2台，各種作業機械117台などが導入された」（音更町農業協同組合編 1999）。その結果，農業機械のさらなる大型化が進んだ。

しかし，存続農家であっても規模拡大と大型農業機械の購入により債務は増加し，債務償還のためにさらなる規模拡大を行う必要があった。さらに，拡大した面積に見合った大型機械を導入するため債務を重ねることになった。こうして「ゴールなき規模拡大」（天間編 1980）が1970年代末まで繰り広げられ，絶えず規模拡大を行った農家が生き残った。大牧・光和における全農家を巻き込んだ規模拡大競争は第2次農業構造改善事業の終了により1978年を最後に終息した。

大牧・光和における開拓期から1978年までの農地移動は109件にのぼり，そのうち69件は隣接農家や近隣の農家同士でのものであった。そのうち45件は近隣農家（A），同一集落（B）といった地縁や，開拓農家（G），小学校関係（I）といった結社縁（ＡＢＧＩ，表1に対応）の組み合わせによ

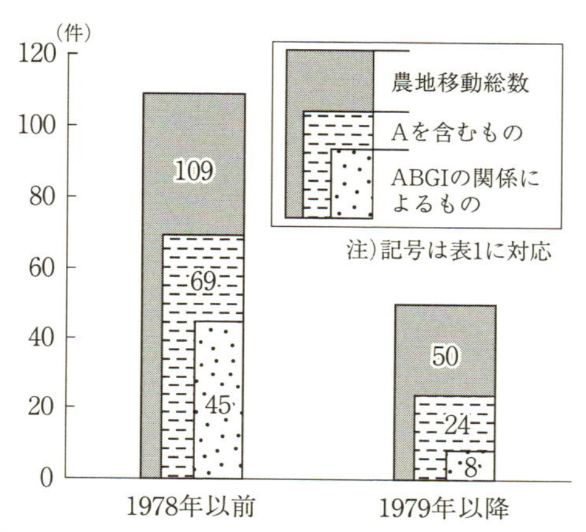

図6　音更町大牧・光和における農地移動にかかわる社会関係の特徴（2007年）
（聞き取りにより作成）

るものであった（図6）。これは多くの場合，農協が離村農家の担保である農地を，農家経済余剰から借入金の約定償還元利金を返済できる近隣農家へ順次売却したことによるものである[3]。一方，近隣農家（A）という関係を含む集落外の場合も55件にのぼり，近隣農家であることは強く影響するものの同一集落である必要はなく，結社縁や中音更地区内での結びつき（C）も重要になっている。

大牧・光和では1985年に再び農家2戸が離農した。うち1戸は農地を売却して離村し，もう1戸は離農後も集落内（南大牧）に居住し続けた。後者は離村直前まで45haの経営耕地で小麦，バレイショ，大豆，小豆を栽培していた。しかし，後継者に就農意志がなく，将来的な労働力不足は必至であったことから離農した。そして宅地とその周りの農地を除いて光栄（現在は合併して光和の一部となっている）の農家に売却した。この農地移動は全農地を売却していないことと，自らが売却先を選定したことの2点において，1970年代までの離農形態と異なっていた。

1985年以降，離村した17戸のうち全農地を売却したのは4戸にとどまった。残りの離村農家は農地の一部を売却したり，離村後も農地の保有を継続し，それを貸し付けたり，一部を保有して通作したりするなど農地移動の形態は多様化した。農地移動件数は50件あり，うち23件は貸付であった。売却・貸付形態については，25件が複数農家に分割売却・貸付するものであった。

図6に示すように，1979年以降も近隣同士の農家間で成立する農地移動は24件と多い。しかし，1978年以前に多かった近隣農家，同一集落，開拓農家，小学校関係（ＡＢＧＩ，表1に対応）の組み合わせによるものは8件と大幅に減少した。そして農地の売却・貸付先は集落外におよぶことが多くなった。売却・貸付先は中音更地区の他集落に加え，西大牧などの西中音更地区の集落，そして隣接していない音更町内の他集落にまでおよんだ。さらに町界を越えて，士幌町の農家にまでおよぶ場合もある。また，集落内における農地移動は，地続きや近隣農家との間だけでなく，保有農地と離れた農家との間で行われることも多くなった。売却先・貸付先が買手・借手を選択する傾向が強くなったことで，1979年以降における農地移動にかかわる社会関係の特徴は1978年のそれと異なるものとなった。

4. 農地移動プロセスの諸類型

大牧・光和の農地を購入したり借りたりした世帯[4]は，開拓時から2007年現在までで計53戸ある。このうち，現在も大牧・光和に居住する世帯は31戸であり，そのうち農家は27戸で，4戸が非農家である。他の22戸のうち14戸が入作農家で，残り8戸はすでに離村した。この53戸による各農地移動は，多様な社会関係を契機として引き起こされている。農地移動にかかわる社会関係の特徴から53戸の農家は三つのタイプに類型化できる。一つ目は近隣型であり，近隣や同一集落での結びつきといった社会関係によって集落内のみで農地集積を行った農家である。二つ目は結社縁型であり，近隣や同一集落での結びつきに加えて中音更地区内での結びつきや結社縁によって農地集積を行った農家である。三つ目は間接縁型であり，先の2類型のような農地集積に加えて農業委員会や農業開発公社などを通じた農地集積も行っている農家である。次に，それぞれの類型における農地移動プロセスについて，存続農家の特徴を中心に検討する。

1）　近隣型

大牧・光和において近隣型は最も多く，買手・借手となった全農家のうち24戸にのぼる（図7）。このうち農家離-1，離-2，離-4は離農後に離村した。農家離-3と離-5は離村後も一部の農地を保有し，他地区に居住して通作している。農家12と30は離農した後に農地を農家21と農家19に貸し付けて，現在もこの地区に居住を継続している。農家31は非農家で，1997年に岐阜県から転入して，家具工房を営んでいる。その他の16戸は現在も居住し，農業経営を継続している。近隣型の特徴については，農地移動件数が1戸あたり2.2件と少ないことである。現在も農業経営を継続する農家の平均経営耕地面積は31.6haであり，大牧・光和の平均の42.9haと比較して小さい。また作付品目については，「畑作4品」すべてを作付する農家は2戸にとどまる。この類型の農家の農産物出荷先については農協が中心であり，新たに販路を開拓していない。

このうち農家4，6，8，9，11，15，21，24，28の9戸は，経営規模の現状維持を志向する農家である。世帯主の年齢については農家6，9，11，15が40歳代で，農家8，21，28が50歳代で，農家4，24が65歳以上である。このうち農家8では後継者が就農しており，農家21，24では息子が就農予定である。これら9戸の農家は，いずれも，高度経済成長期以降に農地を集積した。とくに農家8，15，24の経営耕地面積は50haを超えており，すでに経営規模拡大の限界に達している(5)。農家9，11，28は酪専であり，農地を集積することが必ずしも経営拡大に結びつかない。

これら9戸の農家の農地移動はすべて集落内で完結している(6)。さらに，ほとんどの農地移動が近隣関係（A，表1に対応）を含むものであることから，経営耕地は比較的まとまっている。このうち農家6，8，11，15の1990年以降の農地移動は2件を除きすべて血縁に基づくものである。また，農家6，8，15，21，28の農地移動は開拓農家という関係がかかわっており，農家9，24以外は小学校関係を有している。

先の9戸以外の農家5，7，22，23，25の6戸は1990年以降，農業経営

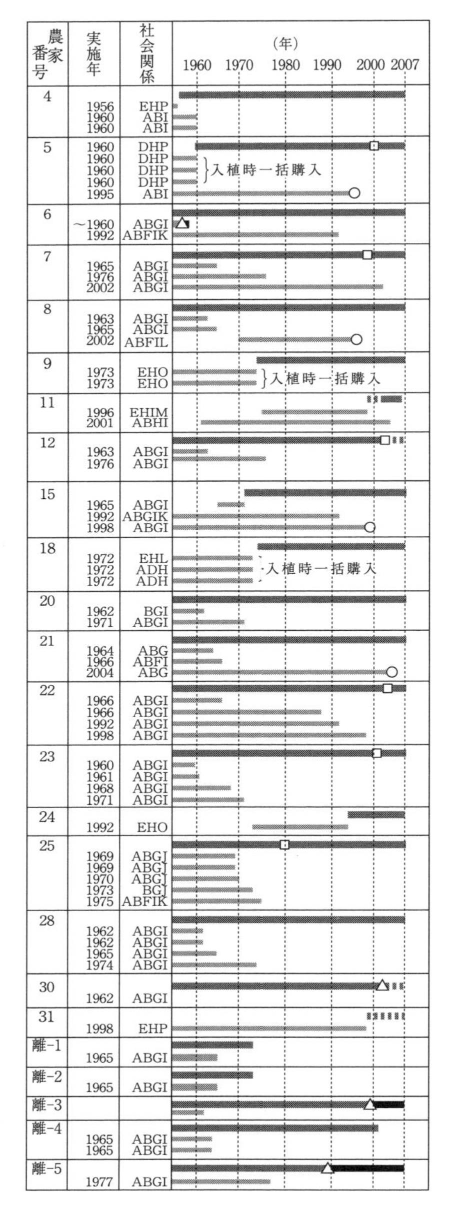

大牧・光和における受け手の営農期間
大牧・光和より転居後も通作
大牧・光和における居住期間（農業経営なし）
農地供給者の営農期間
無　売却　○ 貸付　△ 移転　□ 縮小
「離－番号」は離村農家
注）社会関係のアルファベットは表1に対応

図7　音更町大牧・光和における近隣型の農地移動の履歴と社会関係（2007年）

（聞き取りおよび，天間・佐々木編（1979），協賛会記念誌部会編（1980），東中音更小学校開校七十周年記念協賛会（2000），光和五十年事業実行委員会編（2002）より作成）

を縮小し，農家18と20も農業経営の縮小を予定している。これに加えてすでに離農した農家もこの類型に該当する。現在も営農する農家における世帯主の年齢は農家15で40歳代，農家5，18，20，25で50歳代，農家23で60歳代，農家7で70歳代である。いずれの農家でも農業後継者がおらず，世帯主は比較的高齢である。

これらの農家では労働力が不足している。農家20は2000年に小麦とバレイショ，ビートの輪作体系から，小麦の単作に切り替え，農家5は畑酪経営から畑専に転換することによって労働力不足に対応している。農家5，18，20以外の4戸はいずれも耕地の売却もしくは貸付によって農業経営を縮小した。

まず売却・貸付相手が近隣農家であり，かつ同一集落である場合として，農家7から農家5へ，農家22から農家27へ，農家23から農家15への貸付が挙げられる。このうち農家23と農家15は本家―分家関係にある。また，農家25は1960～70年代に農地集積をすべて同一集落内で行ったが，農家25が農地を売却した先は大牧の農家1と東中音更の農家入-1である。農家25とこの2戸の世帯主の父たちは，みな北海道種馬育成所北農場の小作人であり，この時期から親交があった。そのためにそれぞれ居住集落は異なるが，小学校関係や開拓以前からの社会関係をもつことから，このような社会関係に依拠して農家25の耕地の大部分が売却された。

これらの事例から近隣型のすべての農地移動には，集落に居住することから派生する社会関係が重層的に存在し，影響を与えていることがわかる。さらに，重層的に存在する社会関係は，近隣農家，同一集落，開拓農家，小学校関係（ＡＢＧＩ，表1に対応）という組み合わせに代表される「ムラ的な社会関係」なものである。また，集落内に血縁のある農家が居住する場合は，最も優先されることが多い。三つの類型のなかで近隣型は，農地移動の件数が少なく，経営耕地面積は小さい。その結果，積極的な経営規模の拡大や販路開拓，新規作物の導入などはみられず，現状維持もしくは経営の縮小を志向する傾向が強い。

2） 結社縁型

結社縁型に該当するのは現在も営農を継続する農家 3，10，19，26，27，離農後も光和に居住する農家 29 と，離農後に離村した農家離-6，離-7，離-8，大牧・光和以外に居住する入作農家の入-1，入-2，入-3 の計 12 戸である（図 8）。結社縁型の農家による農地移動件数は 1 戸あたり 3.4 件[7]，

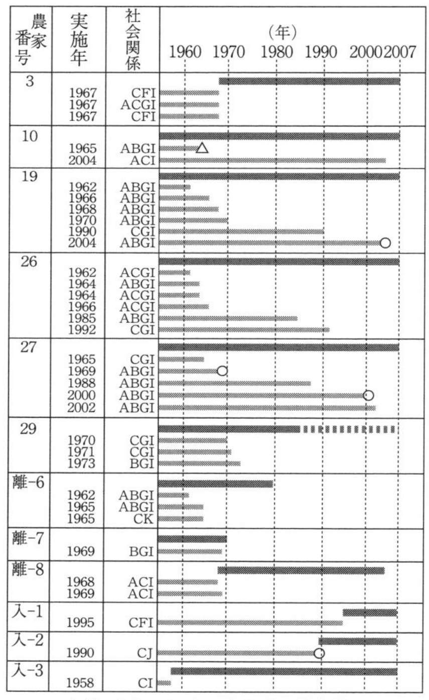

図 8　音更町大牧・光和における結社縁型の農地移動の履歴と社会関係（2007 年）

（聞き取りおよび，天間・佐々木編（1979），協賛会記念誌部会編（1980），東中音更小学校開校七十周年記念協賛会（2000），光和五十年事業実行委員会編（2002）より作成）

大牧・光和で現在も営農を継続する農家の平均経営耕地面積は40.2haとなり，近隣型よりも件数，面積ともに大きくなっている。農作物の出荷先については，農協が中心となっている。

現在も営農を継続する5戸の世帯主の年齢については，農家10が30歳代，農家27が40歳代，農家19，26が50歳代，農家3が70歳代である。このうち農家19では後継者が就農し，農家10では現在の世帯主が経営委譲されたばかりである。また，農家27では2人の周年雇用者がおり，農家26では世帯主の弟が周年的に農作業へ従事している。農家3以外の労働力に余力のある農家は，酪農では乳牛の飼養頭数を増やしたり，「畑作4品」に加えてナガイモを導入したりして，大規模化や生産物の多品目化を図っている。

この類型の存続農家は開拓期から近年まで農地集積を継続してきた。ほとんどの農地を近隣農家・同一集落から集積し，一部の農地のみを他集落から集積した。この類型に特徴的な中音更地区内の他集落にまでかかわる農地移動は入作農家も含めて1958年から2004年まで起こっており，特定の時期に集中することはなかった。これらの農地移動にはすべて開拓農家もしくは開拓以前からの関係や小学校関係，中学校関係がかかわっていた。とくに開拓農家が離村する場合，存続農家は耕地条件が悪くともその跡地を引き受けることに使命感を抱いていることが多い。また，農家3は労働力不足から2002年より耕地の一部を貸し付けている。相手は世帯主の弟世帯である農家27であり，この類型の農家でも血縁がその他の社会関係よりも優先されている。

このように結社縁型は主として近隣農家（A）や同一集落（B）の関係を基礎として農地を集積し，開拓農家や小学校関係，中学校関係を通じて中音更地区内他集落の農地を追加的に集積している。この類型の農家による中音更地区内他集落（C，表1に対応）を含む農地移動は18件あり，そのうち近隣農家でもあるACが組み合わされる場合は7件である。それ以外の11件は，近隣農家ではないものの血縁や開拓以前よりの付き合い，開拓農家，小学校関係，中学校関係を有しており，表1の分類を用いればＣＦＩやＣＧＩの社会関係として表現される。とくに入作農家においては，開拓農家ではないもののCに加えて小学校関係や中学校関係も合わせもっている。また集落完結型と同様に血縁を有する場合にはそれが優先される。

このように結社縁型の農地移動にかかわる社会関係にも，近隣型と同様に地縁や結社縁といったものが重層的に存在している。さらにこの類型の特徴であるCを含む農地移動では，開拓農家や小学校関係などの結社縁が中音更地区内での結びつきを補完する重要な結びつきとなっている。さらにCを含む農地移動に実施年次の偏在性はなく，開拓以来，大牧・光和における農地移動はＡＢＧＩやＢＧＩのような集落内のみの社会関係に限定されていないといえる。東中音更や共進からの入作農家も同様であり，中音更地区内においては集落界を越える農地移動が容認されていた。このことから規模拡大を志向する農家の経営方針に基づき，結社縁を活用して中音更地区内他集落へ農地集積がおよんだといえる。

3）　間接縁型

間接縁型に含まれるのは大牧・光和に居住し現在も営農を継続している農家1，2，13，14，16，17と，離農後に離村した離-9と音更町内の他地区より入作を行う農家入-4，入-5，入-6，入-7，入-8，入-9，入-10，入-11，入-12，入-13の17戸である（図9)。この類型の農地移動件数は1戸あたり6.7件，平均経営耕地面積は71.8haとなり[8]，先に述べた二つの類型よりも件数は多く，面積は大きい。作付品目も先の2類型の農家に比べて多品目にわたり，農家1，2，13，16の4戸はバレイショの共販グループを組織し新規販路も開拓している。

このうち現在も営農を継続する農家の世帯主の年齢は農家2と13で30歳代，農家1と17で40歳代，農家14と16で50歳代である。このうち農家14と16では後継者がすでに就農している。また，農家13では2人の周年雇用者がいる。いずれの農家でも労働力は不足していない。現在の経営形態はすべて畑専である。

この類型の農家は農地集積を高度経済成長期から現在まで継続し，農家17を除く5戸は将来的にさらなる経営耕地の拡大を志向している。この類型の農家は高度経済成長期に近隣農家・同一集落の離農農家の跡地を中

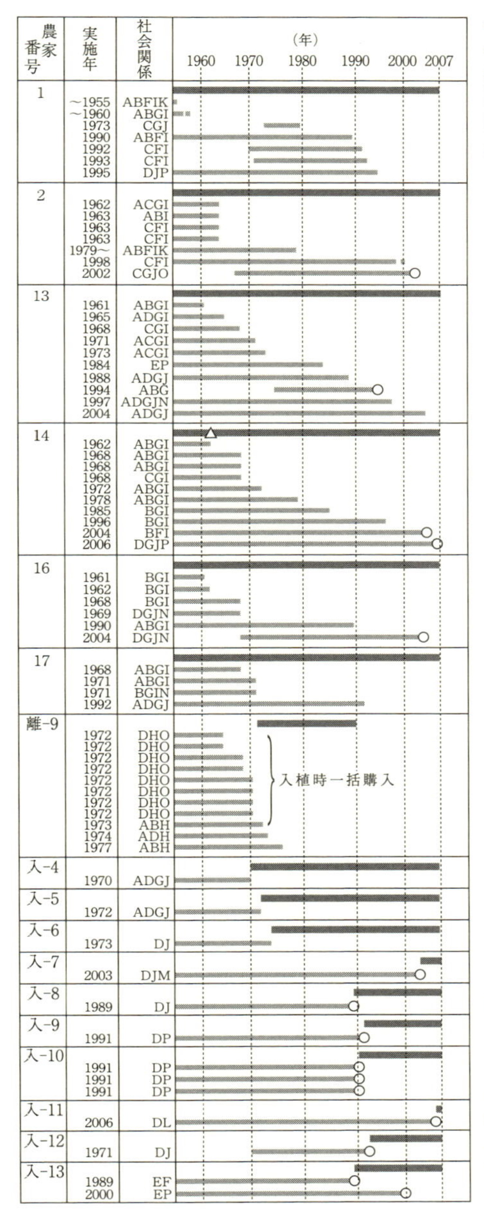

大牧・光和における受け手の営農期間
農地供給者の営農期間
無　売却　○　貸付　△　移転
「離－番号」は離村農家，
「入－番号」は入作農家

注）社会関係のアルファベットは表1に対応

図9　音更町大牧・光和における間接縁型の農地移動の履歴と社会関係（2007年）

（聞き取りおよび，天間・佐々木編（1979），協賛会記念誌部会編（1980），東中音更小学校開校七十周年記念協賛会（2000），光和五十年事業実行委員会編（2002）より作成）

心に農地集積を進めた。その後1980年に農家1が光栄の農地を購入したことを皮切りに，それ以外の農家も中音更地区内の他集落へと農地集積の対象を拡大した。

この類型に特徴的な間接縁を活用した農地移動のほとんどは，バブル経済期以降に発生している。例外として農家16は1970年に農地集積の対象を同時期に開拓された西大牧へ拡大している。この時，中音更地区の農業委員であった農家16の世帯主は西中音更地区の農業委員から依頼され，離村する農家の農地を引き受けたという経緯がある。農家17の場合も同様である。

また買手が地縁や結社縁，血縁に影響されず第三者を介して地権者にアプローチする場合もある。これには農家2と13が該当する。農家13は1984年に原野として放置されていた士幌町の5haの土地を1,500万円で購入した。この農地移動は，現在の世帯主の父が自治会長時に役場の行事で自衛隊のヘリコプターで大牧開拓区付近を俯瞰した時にこの原野を見つけたことが発端となっている。早速，世帯主の父は役場や法務局に問い合わせ土地の所有者を探し，売却を打診した。地権者は名古屋市に在住しており，農家13との関係は農地売買のみで結びつく経済取引に限定された社会関係である。

農家2は2002年に北海道農業開発公社（以下，開発公社）から光和の農地を，購入を前提として借り受けた。地権者とは現在の世帯主の父が面識をもっていたものの，懇意にしているわけではなかった。地権者は債務償還による離農ではないため，経済的余力があった。地権者は農地の処分に際して，円滑な金銭のやり取りを行うために開発公社に一任した。開発公社を介した場合の地代は標準小作料に準じており，当該農家間の力関係に影響されない。農家2の世帯主の父が地権者と面識があったのは偶然であり，この農地の売買には地縁や結社縁，血縁の影響は全くなかった。

この他に間接縁を活用した農地移動として，市街地付近に居住する地権者から農地を購入した農家1の事例と，西大牧の農地を購入した農家14の事例がある。この2件の農地移動は中学校関係がかかわるが，その他の個人的な社会関係も影響している。また，血縁を有する場合は他地区にまたがる場合でも，農家入-7のように優先されている。

このように間接縁型の農地移動プロセスについても，先の二つの類型と同様に地縁や結社縁といったものが重層的に存在している。さらに，この類型の特徴である音更町内他地区（D，表1に対応）や音更町外（E）を含む農地移動24件のうち8件は近隣農家（A）を含むものの，それ以外の16件は買手・借手の経営耕地のなかで飛び地となっている。この16件のうち10件では何らかの結社縁が介在している。それ以外の6件は，その他の関係（P）のみの経済取引に限定された社会関係となっている。この他に公的機関（O）を介す場合も，農地移動に関しては公的機関のみが農家間をつなぐ結びつきとなっており，経済取引に限定された社会関係といえる。また，入作農家の事例でも，それぞれの農地移動は経済取引に限定された社会関係であることがわかる。他集落や他地区の農家もさらなる規模拡大を図るうえで，間接縁を活用して農地を集積しているといえる。

5．農地移動の形態と農業経営の関係

本節では前節の分析をもとにして，類型ごとに，それぞれの農地移動の形態が農業経営にいかなる役割を果たしているのかを社会関係から説明する。次に全類型を通じて，各農家の農地移動の形態と農業経営の大規模化の関係について考察する。

近隣型の農地移動では，農家8のように「ムラ的な社会関係」が存在している（図10）。これらは，近隣関係など集落に居住することによって存在する農家の意志によって自由に選べない社会関係である。さまざまな位相で結びつく農家間の社会関係は，農地の取引を中止した場合でも集落での社会生活上，断絶することはない。換言すると「ムラ的な社会関係」には拘束力があり，容易に売買契約の破棄や貸借契約を解消できないといえる。さらに，全類型を通じて「ムラ的な社会関係」による農地移動が多いことは，農地を集積した農家にとって貸借契約の解消などによる経営耕地の減少を防ぎ，安定的な大規模経営を可能にしているといえる。

a）近隣型（農家8）の事例

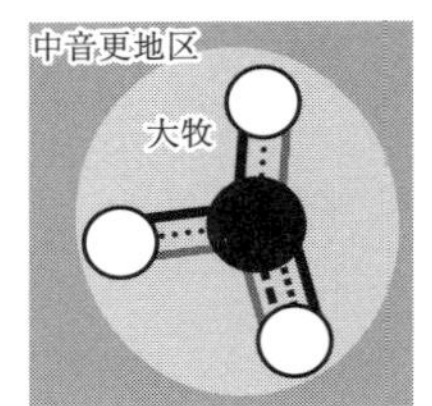

b）結社縁型（農家19）の事例

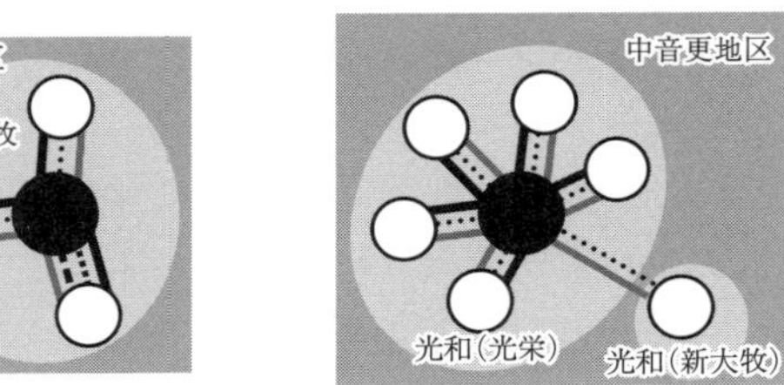

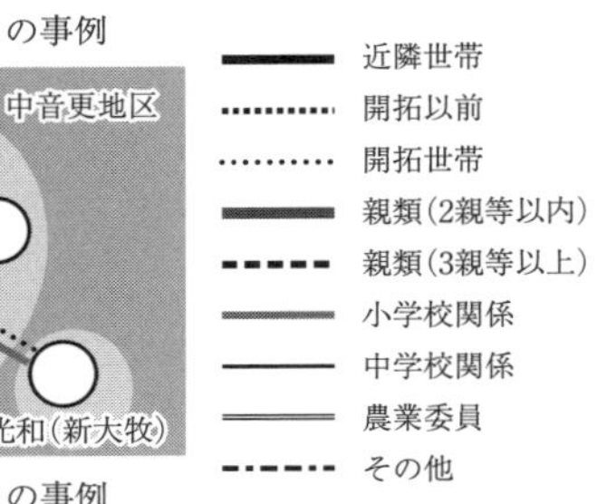

c）間接縁型（農家1）の事例

d）間接縁型（農家13）の事例

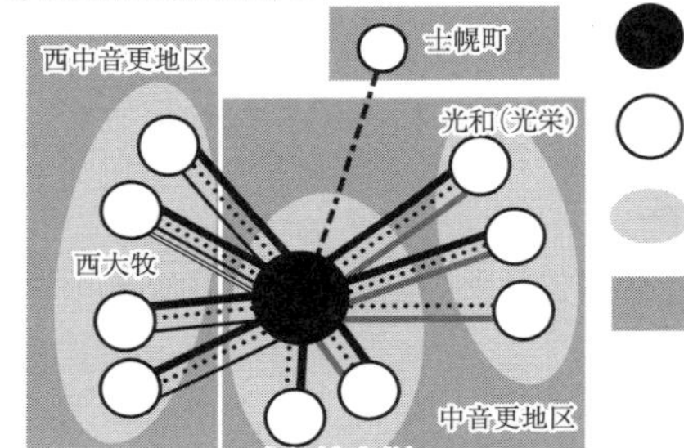

図10　音更町大牧・光和における農地移動にかかわる複相的ネットワークの展開（2007年）

（分析結果をもとに作成）

結社縁型の農家は，ほとんどの農地を近隣型と同様に集落や近隣農家といった拘束力の強い社会関係によって集積している（図10）。さらに農地移動の一部は中音更地区内他集落におよび，集落内のものと同様に開拓世帯や小学校関係といった拘束力の強い社会関係に基づいている。このような農地移動では，耕地条件が悪くても結社縁という選べない社会関係によって農地の買手・借手とならざるをえない事例もあった。このことは経営耕地を拡大させる一方で，買手・借手の望む作業効率の良い農地のみが集積の対象となることを防ぎ，結果的に不耕作地化を抑止している。このような「ムラ的な社会関係」は対象地域のように農業の受手の多い地域において，安定的な大規模経営に寄与しているといえる。

間接縁型の農家も先の2類型と同様にほとんどの農地を近隣農家や結社縁によって集積している（図10）。一方，件数は少ないものの公的機関などを介した農地集積も行っている。このような農地集積では，農地の売買・貸借を除くと買手・借手と売手・貸手を結ぶ結節点はなく，農地移動は経済取引に限定された社会関係に基づいている。経済取引に限定された社会関係では，農地を介した関係を消失してもその他の社会的な結びつきはなく，集落での社会生活に支障をきたすことはない。

間接縁型の農家の間接縁を活用した農地集積のほとんどは1990年以降に行われている。間接縁を活用した農地移動は経営規模のさらなる拡大を図るうえで重要なチャネルとなっている。このチャネルは売手・貸手にとって農地の買手・借手が集落内にいない場合において重要な役割を果たすと考えられる。さらに，この農地移動は農地の売買・貸借のみの関係であるために，集落内での付き合いから実勢価格から乖離した地代を設定したりする必要もなく相場に応じた地代を決定できる。また，大牧・光和の離農家が士幌町の農家へ貸し付け，より高い地代を得る事例もみられた(9)。間接縁を活用してさらなる大規模化を達成した農家は，拡大した農地で新規作物の導入や新たに開拓した販路の需要を満たすことが可能である。このように間接縁型の農地移動では，積極的な経営規模の拡大や販路開拓，新規作物の導入を実施していくなかで間接縁などの社会関係を活用している。間接縁を活用した農地集積は，希薄な社会関係により貸借契約の解消の発生というリスクも含んでいる。そのために間接縁を活用した農地集積による大規模化は，地縁や血縁，結社縁に基づく安定的な農地の集積が基盤にあって初めて成立するといえる。

次に各類型に属する農家の農業経営をみると，近隣型では小規模農家が多く，畑専や畑酪，酪専，野専と経営形態が多様であり，農業専従者の平均年齢は54.4歳と高い（表2）。結社縁型では中規模農家が多く，農業専従者の平均年齢が47.1歳と近隣型よりも若い。間接縁型では大規模農家が多く，該当する全農家が畑専で農業専従者の平均年齢は最も若い。また，若い農業専従者には高卒者や大卒者もおり高学歴化が進んでいる。このことは農家の社会関係を広げる要因の一つとなっている。

さらに，全類型を通じた畑専農家の平均農地移動件数が4.2件であるのに対して，酪専農家は2.8件である。とくに50歳未満の農業専従者のい

表 2　音更町大牧・光和における農地移動プロセスの諸類型の特徴

	総数	規模(ha)			経営形態				農業専従者の平均年齢
		-30	31-60	60-	畑専	複	酪専	野	
近隣型	16	8	7	1	11	1	3	1	54.4歳
結社縁型	5	1	3	1	2	1	2	-	47.1歳
間接縁型	6	-	3	3	6	-	-	-	45.8歳

注 1）経営形態の略称は図 4 に対応
注 2）現在も営農を継続する農家のみを対象とした
注 3）農業専従者の平均年齢以外の単位は戸
（聞き取りにより作成）

る畑専農家では，平均農地移動件数が 5.4 件である。このことから，畑専農家は経営耕地の拡大への志向が強く，若い農業専従者がいる農家ほど，より積極的に農地集積を図る傾向にある。酪専農家は農地集積が規模拡大と結びついておらず，経営耕地の拡大に積極的ではないといえる。また，農家 1 戸あたりの農地移動件数は大牧の 3.2 件，光和の 4.8 件となり，集落間に差がある。これは大牧と比較して光和の耕地条件の良さが影響しているといえる(10)。耕地条件の良さは，農業経営の畑作への比重を高め，農地集積への動機となっている。すなわち，各農家の農地の立地によって農業経営形態が分化し，労働力の多寡によって農地集積が図られるといえる。

注

(1)　資料として，天間・佐々木編（1979），協賛会記念誌部会編（1980），駒場小学校開校 80 周年記念事業協賛会編（1986），駒場中学校五〇周年記念協賛会編（1997），東中音更小学校開校七十周年記念協賛会（2000），光和五十年事業実行委員会編（2002）を用いた。

(2)　井上（1987）は結社縁を「何らかの目的が機縁になって意識的につくられ」，参加者の自由意志が前提となる縁と定義している。しかし，井上自身が指摘するように，何らかの目的に即していても，それぞれの集団の特性により，参加者の選択に差がある。大牧・光和においても，居住地で決まる小中学校や，開拓期からの世帯であるということは選択できないものである。このことから，大牧・光和においては結社縁も選べない縁といえる。

(3)　牛山（1989）によると，農協は農家を経済状況からＡ，Ｂ，Ｃ，Ｄに分類し，Ｄから順次，離農勧告を行った。分類の基準として，Ａは「農家経済余剰（償還財源）から借入金の約定償還元利金を返済できる」階層，Ｂは「全利息と元金の一部を返済できる」階層，Ｃは「利息の一部しか返済できない」階層，Ｄは「農家経済余剰がマイナスで家計費も賄えない」階層とされた。離農勧告がなされた農家は，担保である農地を農協に差し押さえられ，離村することが一般的であった。

(4)　離農農家の跡地を購入した非農家もいるため世帯としている。

(5)　平石（2006）によると，十勝平野での家族経営による畑作の作業限界は50〜60ha とされている。

(6)　農家 4，9，11，24 は，対象集落に入植した後の農地移動を対象としている。以下，開拓期（1955〜1960 年）以降に入植した農家は，対象集落に入植した後の農地移動のみを対象とする。

(7)　入作農家の農地移動は大牧・光和のものだけを表記しているので件数に算入していない。

(8)　入作農家の農地移動は大牧・光和のものだけを表記しているので含めていない。

(9)　士幌町では年間小作料が 10a あたり 15,000〜20,000 円であるが，大牧・光和の実勢小作料は，10a あたり 10,000 円である。それゆえに，大牧・光和の離農家が士幌町の農家へ貸し付ける事例も２件みられた。

(10)　大牧南東部と光和北西部の間には約 70m の標高差があり，耕地の排水条件に影響をもたらしている。また，大牧北部の耕地は礫が多く畑作に不向きであり，酪専農家が多くなっている。

第Ⅲ章　北海道十勝平野における
大規模畑作経営とネットワーク

1．本章の課題

本章では，十勝平野に位置する音更町大牧・光和集落を事例に各農家の農業経営，とくに共同作業や出荷・取引形態が，農家間のどのような関係性のもとに展開しているのかを分析し，それらの関係性を通じて形成された複相ネットワークと，各農家の農業経営との関連性について考察する。

研究対象地域は第Ⅱ章と同じく北海道河東郡音更町大牧・光和集落を選定した。大牧・光和は十勝平野の中央部に位置し，農業経営の大規模化が進み，多様な作物が販売目的で生産されている。さらに，小麦などの政府買い上げが優勢を占める作物と，豆類やバレイショなど民間業者への流通もみられる作物が組み合わされて生産されており，複相的ネットワークが存在していると予想される。また，さまざまな性格を有する主体間関係を分析するうえで，本州に比べて北海道では経済活動としての農業生産を可視的に確認しやすく，研究対象地域として好適と考えられる。

本章でも農家間の関係性によって形成されるネットワークを分析する指標として，ノードを結ぶパスの性質に留意して分析する。パスの性質に関して，パスの基盤となる主体間関係のあり方を大きく二つに分けて分析する。一つ目は定住に基づく拘束的なものである（上野 1994）。いわゆる地縁や血縁，学校や開拓を通じた結社縁で自由に入脱退できないものである。二つ目はこれらの関係によって説明できない関係である。このような関係を，居住地とは無関係に取り結ばれ入脱退が可能で選択的に取り結ばれる関係で選択性の強い「選べる縁」とする(1)。具体的には経済取引に限定されたような関係であり，契約解消により関係もノード間のパスとなる関係も途絶えるようなものである。

ノード間のパスの性質を分析する指標として，これらの関係の性格，とくに担保される社会関係の広がりや結びつき方に注目して分析する。とくに二者の結びつきを地縁や血縁などを代表値として表すのではなく，その重なり方に注目して検討する(2)。

手順としては，まず統計資料や先行研究より十勝平野および音更町における農業生産の動向を示し，対象地域の位置づけを検討する。次に，対象地域に居住するすべての農家への聞き取り調査で得た農業経営形態や社会集団の実態に関するデータをもとに，農家がどのような関係性のもとに共同作業および出荷・取引を行っているのかを分析する。この分析結果をもとに，それぞれのネットワークが農家間のいかなる関係性によって形成され，各農家の農業経営にいかなる役割を果たしているのかを考察する。なお，現地調査は第Ⅱ章と同じ期間に実施した。

2. 十勝平野および音更町における農業生産の動向

1） 十勝平野における農業生産の動向

十勝平野の農業は主要農作物から畑作型と酪農・畑作型，草地酪農型の三つに区分される（内田 1997）。畑作型は十勝平野中央部，酪農・畑作型は山麓部，草地酪農型は南部沿海部に卓越する。畑作型に分類される地域では，小麦や大豆，小豆，バレイショ，ビート，露地野菜，牧草などが栽培される畑作専業地域である。とくに「畑作４品」と呼ばれる小麦と大豆・小豆のマメ類，バレイショ，ビートの生産が卓越している。酪農・畑作型の地域では酪農が中心となり，それに牧草や畑作4品を組み合わせた作付体系となっている。

市町村別の農業生産の動向をみると，まず全生産農業所得額に占める畑作4品の割合は芽室町の48.8%を筆頭に，音更町の47.9%，更別(さらべつ)村の46.4%，帯広市の45.8%と続く（図11）。畑作4品の割合は，十勝平野中央部に位置する市町村から遠ざかるにしたがって低くなっていく。これに対して十勝平野沿岸部や山麓部の町村では，酪農を中心とした畜産物の割合が高くなっている。最北の陸別町と最南の広尾町では畜産物の割合が，それぞれ95.5%，94.1%となっており，畜産が優勢を占めている。また近年，肉用牛繁殖が増加している（山口・市川 1998; 大呂 2007）。これは1980年代からの乳価下落にともない，畑作酪農複合経営（以下，畑酪）から畑作肉牛

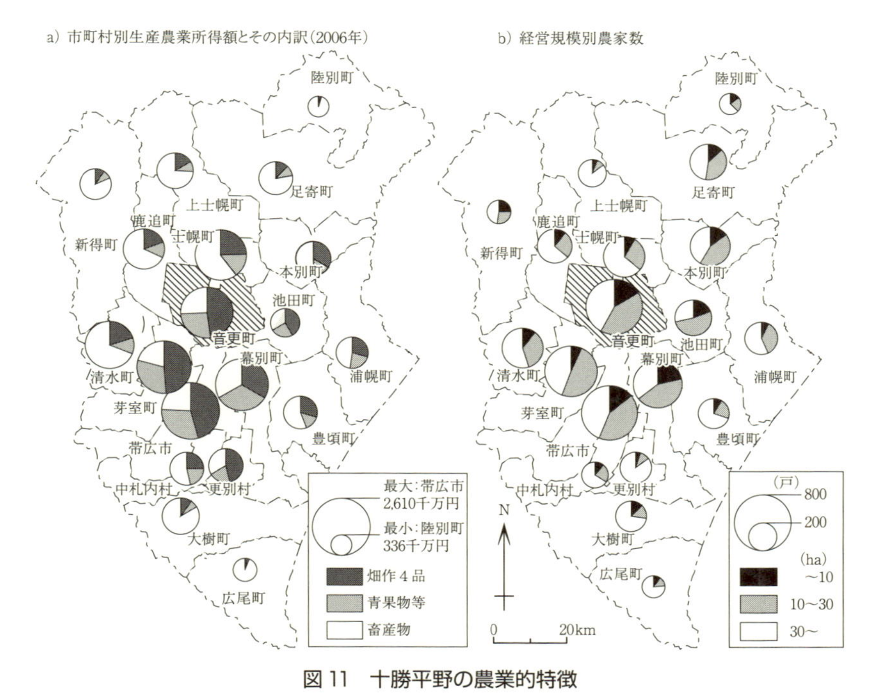

図11　十勝平野の農業的特徴

（『平成18年　生産農業所得統計』および『2005年農林業センサス』より作成）

肥育複合経営，もしくは酪農肉牛肥育複合経営へ転換する農家が増加したためである。沿海地区における例外として，更別村は土壌の排水条件が良く畑作に適しており，畑作4品の割合が高くなっている。

青果物等についてはニンジンやナガイモ，ブロッコリーなどの露地野菜生産が中心となっている。とくに帯広市北部や音更町南部，幕別町北部の都市外縁部で卓越している（天野ほか 2001）。また，露地野菜生産は先進的な大規模畑作農家による「畑作+α」の経営により増加傾向にある（仁平 2007）。

2005年農林業センサスから経営規模別農家数をみていくと，経営規模30ha以上の農家数割合は上士幌町で85.4%，更別村で85.2%，広尾町で76.3%となり，これに山麓部や沿海部の市町村が続く。経営規模10ha未満の農家数割合は，総農家数の少ない新得町と陸別町を除いて，幕別町で21.4%，音更町で16.3%，帯広市で14.1%と高い。しかし，幕別町と音更町，帯広市において大規模農家が少ないわけではない。この3市町では30ha以上の農家がそれぞれ210戸，334戸，339戸と多い。十勝平野において，帯広市と音更町は30ha以上の農家数が最も多い市町であるが，総農家数が多く，小規模な露地野菜生産も卓越するため大規模農家の割合は低くなっている。

2） 音更町における農業生産の動向

音更町の大部分は農用地振興区域で畑作と酪農の大規模経営が卓越している。一方，南部の市街化区域と市街化調整区域では帯広都市圏のベッドタウンとなっているものの，農地のスプロール化はみられず，都市化の進む南部でブロッコリーやピーマンなどの露地野菜生産および，施設園芸が展開している。

農業生産の動向についてみていくと，1960年までマメ類が畑作4品のうちの70%弱を占め，バレイショとビート，小麦の割合は低かった（図12）。1960年以降には，マメ類以外の作付面積が拡大し，1970年以降は小麦の作付割合が著しく増加した。これは小麦生産の機械化が進展したことと，マメ類で連作障害が発生し，機械化も遅れたことが要因として挙げられる

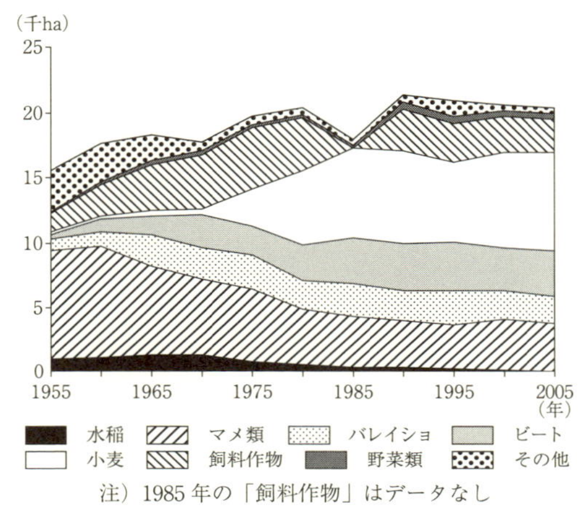

注）1985年の「飼料作物」はデータなし

図12　音更町における作物別作付面積の推移

（音更町役場提供資料より作成）

（牛山 1989）。そして現在ではマメ類やバレイショ，ビートに比べて労働費の2～3割安い小麦を中心に据えた輪作体系が組まれている（仁平 2010）。しかし，小麦への過度の依存による不均衡な輪作体系が地力の低下や病害の発生などの問題を起こしている。また，牧草等を含む飼料作物は1970年まで微増傾向にあったものの，それ以降では現状維持から微減傾向にある。作物別では作付面積の増減がみられるものの，町全体の作付面積は1955年から2005年の間で1.3倍に増加しており，作付面積からみると音更町の農業生産，とくに畑作4品は現在でも拡大傾向にあるといえる。

農家数は1960年の2,252をピークに減少し，1990年の農家数は1,147と半減し，2005年には773戸とピーク時の34%となっている(3)。農家減少の背景として，1960年代から1980年代にかけては機械化に適応できないなどの要因から農業経営に行き詰まった農家が離農した。1990年以降については，それまで安定した農業経営を行ってきた農家が，後継者の不在や農業者自身の高齢化により離農したことが挙げられる（牛山 1994; 天野・藤田 2005）。他方，農家1戸あたりの平均経営耕地面積は1955年の7.8haから2005年には28.1haにまで拡大し，大規模化が進んでいる。

3. 音更町大牧・光和における大規模畑作経営

1) 大規模畑作農家の経営的特徴

主要作物は小麦，小豆，大豆，バレイショ，ビート，ナガイモ，飼料用作物のデントコーン，オーチャードグラス，青刈りエン麦である。すべての作物で農作業の機械化が進んでいる。とくに小麦については機械化が進み，最も粗放的に生産され，その結果，小麦の作付面積は全体の31.0%を占めている（図13）。経営規模の大きな農家は労働投下量の少ない小麦の作付割合を高めることによって，全経営耕地の利用を可能としている。畑作4品のうち小麦に比べてマメ類とバレイショ，ビートの作付農家が少ない要因として，ビートは収益性が高いものの，育苗後に定植を行う必要があるなど労働投下量の多いことが挙げられる。『平成17年産　農産物生産統計』によると，ビートの10aあたりの投下労働時間は15.3時間であり，小麦の5.6時間より約3倍長い。バレイショでは投下労働時間が8.3時間であるが，主要労働は収穫時に集中するため，小麦などと比べて作付面積を少なくしている。大豆の場合は，10aあたりの粗収益が1997年の57,801円から，2006年には40,695円にまで低下したため，作付農家が少ない。畑作4品と飼料以外の作物では，ナガイモのように労働投下量の多い作物の作付は少なく，6戸のみが栽培している（図4）。ニンジンについては，約半数の12戸が栽培し，農協が育苗から定植，収穫をすべて請け負う委託生産によって行うため，農家は圃場を用意するのみとなっている。ニンジンは高齢化により労働力が不足していたり，経営耕地面積が広い農家によって採用され，労働力調整的な性格をもっている。

現地調査を実施した2007年現在，大牧・光和には31戸（大牧12戸，光和19戸）が居住し，そのうち農家は27戸（大牧11戸，光和16戸）で，すべて専業的経営農家である（図4）。経営形態については，1970年代まで，ほとんどの農家は畑酪複合であったが，現在では畑作専業と畑酪複合，野菜専業，酪農専業の四つに分化している。

大牧・光和の基幹的農業従事者は62人で，多くの農家は家族経営であ

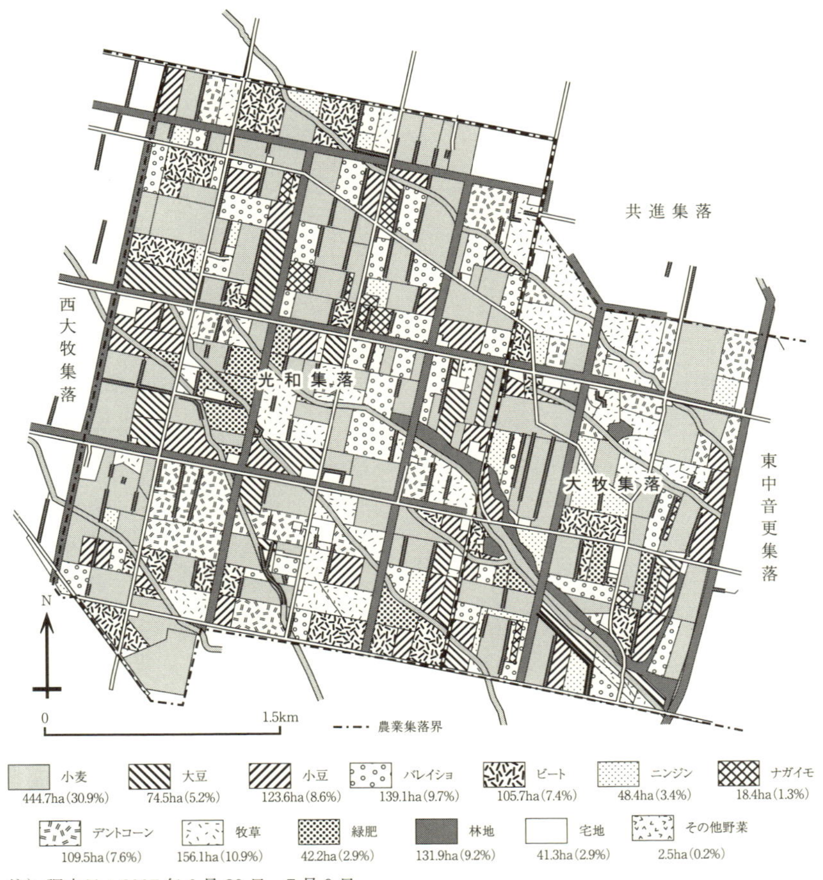

注）調査日：2007 年 6 月 30 日～7 月 9 日

図 13　音更町大牧・光和の土地利用（2007 年）

（現地調査により作成）

るが，農家13と24，27の3戸では周年雇用労働者がいる。このうち，自家労働力が2世代にわたる農家は1，6，8，10，14，16，19の7戸である。自家労働力は基本的に1世代であるが，世帯主が30〜40歳代である農家は2，9，11，13，15，17，27の7戸である。後継者の確保が難しい農家は3，7，18，20，22，23，25，26，28の9戸である。この他に多くの農家は成育期の除草やバレイショの収穫期に臨時労働力を雇っている。例外的に農家24の世帯主の子は首都圏で自営業を営んでおり，対象地域と首都圏を頻繁に往来して生活している。したがって，大牧・光和に居住する他の農家と異なる方法で労働力を確保している。

経営規模についてみると，農家1戸あたりの平均経営耕地面積は42.9haであり，北海道平均の18.6ha，十勝支庁平均の31.9ha，音更町平均の27.1haと比較して，大牧・光和の農業経営規模は大きい(4)。他方，個別農家の経営耕地面積をみると，農家11の0haから農家13の108.5haと差があり，各農家の経営方針に沿って大規模化が進められてきた。経営耕地面積が50ha以上の農家では，おおむね2世代が就農もしくは，世帯主が30〜40歳代である。例外として農家26は世帯主の弟が就農しており，農家24は周年雇用者がいるため経営耕地面積が大きい。保有農地のない農家11の経営主は2001年に新規就農し，牛舎のみ所有している。

経営形態をみていくと，畑専の農家では粗放的に生産できる小麦の比重が高い。とくに労働力が不足傾向にある農家で高くなり，経営耕地面積は大牧・光和の平均よりも小さくなっている。他方，収穫期に集中して労働力を要するバレイショは，2世代が就農する農家や世帯主が40歳代以下の農家で比較的多く作付されている。ナガイモでも同様の傾向がみられ，こうした農家のほとんどは経営耕地面積も大牧・光和の平均よりも大きくなっている。

酪専の農家の経営耕地面積は最も大きい農家27でも42haであり，いずれも大牧・光和の平均よりも小さい。栽培作物は自家消費用の飼料となり，そのうちデントコーンが約40%，牧草が約60%を占める。乳牛の飼養頭数は，おおむね70〜90頭であるが，農家27は160頭と突出した規模となっている。

畑酪の農家は8と26で，デントコーンや牧草以外の作付については小麦の割合が高い。飼養乳牛は農家8で90頭，農家26で70頭となり，酪専農家の飼養頭数と変わりない。経営耕地は農家8で80ha，農家26で65haと大牧・光和平均よりも大きくなっているが，いずれも農業経営の中心を酪農に据えている。この他に農家25は2007年より野菜専業へ移行した。これらのことから，大牧・光和においては一部の農家を除き小麦に比重をおいた輪作体系が組まれ，生態的に安定した輪作体系よりも収益性が優先されているといえる。

2）農家の出荷形態

大牧・光和における各農家の出荷形態は農協と商社への出荷，任意の生産者組織（以下，出荷グループ）による共同出荷，消費者への直接販売の四つとなっている（表3）。全体的に農協への出荷割合が高くなっている。とくに小麦流通については政府が実質的に流通を独占してきたという歴史的背景から，依然として民間の商社が出荷先として選択されることは少ない。大牧・光和においても農家6のみが商社へ出荷している[(5)]。同様にビートについては，日本では国産糖企業3社が市場を寡占している（小野編 2008）。十勝支庁管内では(株)日本甜菜製糖がビートの集荷を独占しており，各農協が窓口となって 同社と直接取引している。さらに小麦やビートは加工が前提となり，直接販売や青果物を中心に扱ってきた商社への出荷には不向きな作物となっている。また生乳について，音更町ではホクレンが指定生産者団体となり，農家から一括して集乳している（音更町農業協同組合編 1999）。

他方，マメ類とバレイショは農協以外への出荷がみられる。マメ類では商社への出荷と出荷グループを通じた出荷がみられ，商社は主として小豆を買い入れる。バレイショは出荷グループを通じた商社への販売，同じくそれを通じた首都圏の農産物宅配サービス業者（以下，農産物業者）への契約販売がみられる。または個人での直接販売も行われている。各農家は自由に商社を選択できるようになっているが，おおむね取引する商社は固定されている。商社へ出荷する農家は農家1から6と16の7戸で，帯広市や芽室町に立地する商社と個別に取引している。このうち農家1と3，4，16では農協への出荷も並行して行っており，その割合は農家1と16では固定的であるが，農家3と4では市場の価格変動に応じて変更している。その他の農家は，マメ類では市場価格の乱高下が激しいことから，商社出荷に比べて売渡価格の変動幅が小さい農協を選択している。また，音更農協は1972年より小麦の閑散期に乾燥施設を有効利用するため，マメ類のバラ荷受けを開始したことから，農家にとって選別作業の省力化につながったことも農協出荷が多い要因となっている（音更町農業協同組合編

表3　音更町大牧・光和における耕種農家の作物別出荷先（2007年）

集落名	経営形態	農家番号	作物別出荷先								
			小麦	ビート	バレイショ	小豆	大豆	ナガイモ	ニンジン	デントコーン	その他青果物
大牧	畑専	1	農協	農協	出荷G	商社：農協 9：1	農協	農協	農協		
		2	農協	農協	商社・出荷G	商社		農協	農協		
		3	農協			商社：農協 7：3～5：5					
		4	農協		産直	商社・農協			農協		
		5	農協	農協		ほぼ商社			農協	11へ	
		6	商社	農協		商社	商社				
		7	農協						農協		
	複	8	農協						農協		
光和	畑専	13	農協		出荷G	出荷G	出荷G		農協		
		14	農協	農協	農協	農協	農協	農協			
		15	農協	農協	農協	農協	農協		農協		
		16	農協	農協	出荷G	農協＞商社	農協	農協	農協		
		17	農協	農協	農協	農協		農協	農協		
		18	農協	農協	農協	農協	農協		農協		
		19	農協	農協	農協	農協		農協	農協		
		20	農協								
		21	農協		農協	農協	農協				
		22	農協	農協	農協	農協	農協				
		23	農協			農協	農協				
		24	農協								
	野	25									帯広・釧路市場
	複	26	農協								

注1）農家番号は図4に対応
注2）「出荷G」は「出荷グループ」の略
（聞き取りにより作成）

1999)。この他に農家13は出荷グループを通じて，小豆や大豆も出荷している。

バレイショの農協外出荷については，出荷グループを通じた契約出荷が中心となっている。出荷先は首都圏を中心に展開する農産物業者などとなっている。このような出荷形態をとるのは農家1と2，13，16である。農家1と13，16は全量，出荷グループを通じて出荷している。農家2は，出荷グループへの加入が他の農家より遅く，2007年現在では商社へも並行して出荷している。販売価格は農協出荷が約60円/kgであるのに対して，出荷グループを通じた出荷は105～120円/kgとなっている。バレイショの直接販売については農家4のみが行っている。販売先は首都圏の個人客が中心で世帯主の親族に贈ったものが口コミで広がったことを契機としている。この他に，農家5はデントコーンを，牛舎の売却先である農家11との間で契約栽培している。

4．共同作業における農家間関係の形成

大牧・光和における各農家の農業経営は独立しているが，小麦の共同収穫やバレイショ等の販売を行う出荷グループは，数戸の農家の共同作業によって担われている。小麦の共同収穫は，農業機械の利用組合を単位（以下，小麦グループ）として行われている。小麦は7月から8月にかけての10日間に一斉収穫されるため，出荷の際に農協施設内で混雑が起こっていた。その混雑を避けるために，小麦はそれぞれのグループで運営する麦類予備乾燥施設（以下，サブ）で乾燥され，水分含有量を23%まで下げられた後に，農協の乾燥施設（メイン）へ出荷されることになった。小麦グループで使用されているサブやコンバインなどの農業機械は，1970年から実施された第2次農業構造改善事業にともない，中音更地区に事業費2億7,900万円が投入されて導入された（音更町農業協同組合編 1999）[6]。

小麦を農協へ出荷する全農家はいずれかの小麦グループに所属し，小麦グループごとにサブを一つ管理している（図14）。大牧・光和の農家は大

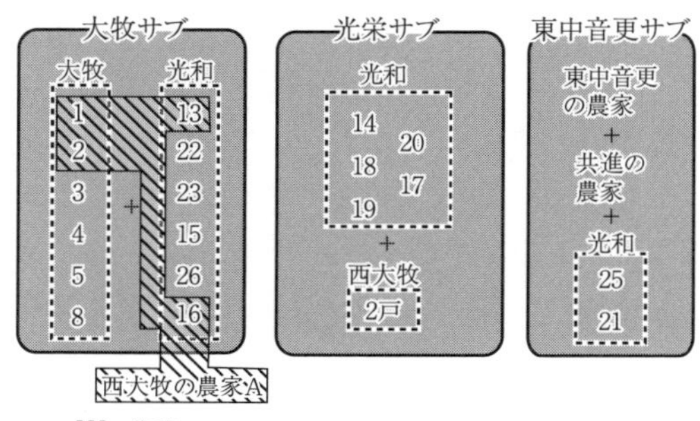

集落
小麦共同収穫および予備乾燥施設(サブ)利用グループ
バレイショ出荷グループ

注1) 番号は図4の「農家番号」に対応
注2) 農家7の所属先は不明で，農家6はいずれにも属していない
注3) 農家24は不明
注4) 農家25は小麦栽培時の所属

図14 音更町大牧・光和における共同作業をめぐる農家グループ(2007年)
(聞き取りにより作成)

牧サブ小麦グループか光栄サブ小麦グループ，東中音更サブ小麦グループ(以下，それぞれ大牧サブ，光栄サブ，東中音更サブ)のいずれかに所属している。年間稼働日数は10日で，大牧サブでは年間300万円の燃料費が必要となり，所属農家の作付面積に応じて費用を徴収している。小麦グループへの所属は，居住する集落を問わず宅地とサブとの距離により決定されている。例外的に農家21や25は他の農家に遅れて小麦生産を開始したため，サブの取扱量の関係で取扱量に余裕のあった東中音更サブに所属することとなった。また，農家6は小麦を商社に出荷し，農協出荷とは出荷形態が異なり，いずれの小麦グループにも属していない。

バレイショの出荷グループは，農家1，2，13，16と西大牧の農家Aから構成され，共同で出荷を行っている(図14)。この出荷グループは，1988年に有限会社O農場を設立し，バレイショを中心とした作物を，首都圏で展開する三つの農産物業者へ出荷している。出荷グループ設立の契機として，年齢の近い農家13，14，16の世帯主(13は現在の世帯主の父)が，農業技術・経営に関する勉強会や，講演会等に一緒に出向いていたのが始まりで，農産物業者への共同出荷は1987年に開始された。この共同出荷は農家13を中心に講演会等で演者となっていた農産物業者の関係者と意見を交換し，それが販路開拓へと発展していった。共同出荷開始にあたり，先の3戸のみでは供給量が少ないことから，先導役の農家13と遠戚関係にある農家1が加わった。共同出荷開始当初，選果を農家14の敷地内にある倉庫で行っていた。しかし，農家14は農業経営の中心をナガイモに据えたいという意向から1993年に出荷グループを脱退した。そして，選果や保管は農家13の宅地の傍に新規建設した貯蔵庫（延べ面積2,194.5m^2）で行われるようになった。

その後，大牧・光和で若い世代が就農する農家を対象に，農家13は出荷グループへの参加を呼びかけ，2000年に農家2が協力農家として出荷グループに参加した。そして2005年には西大牧の農家Aも協力農家として参加し，現在の体制となった。農家Aの居住する集落や地区は異なるものの，大牧開拓区内で宅地が農家13と隣接しており，さらに開拓期から懇意にしていたことが参加の理由となっている。

出荷グループに参加しなかった農家は，バレイショ以外の作物を中心にした農業経営を展開させていたり，相対的に価格は低いが農協への安定的な出荷を望んでいたり，労働量の増加を懸念していた（図15）。農協出荷では農家は収穫したバレイショをコンテナに入れ，そのまま自圃場の道路に面したところに置いておけば，農協から委託された輸送業者が，各圃場を巡回して集荷し，農協が選果を行う。それに対して，出荷グループを通じた出荷では，販売価格は農協出荷に比べて高くなるものの，各農家が収穫後，貯蔵庫前に移動させ，予備乾燥させた後に，貯蔵庫で冬季まで保管する。そして農閑期となる冬季に選果し出荷することから，農協出荷に比べて労働量は多くなる。

以上のように，大牧・光和の農業経営において，各農家の農業経営が独立している一方で，小麦の収穫と出荷作業，バレイショの共同出荷において，複数農家の共同作業が存在していた。そして，共同作業における農家間の結びつきは，小麦グループでは居住地によって決定されるものであり，バレイショの出荷グループでは集落や地区といった地縁，大牧開拓区と

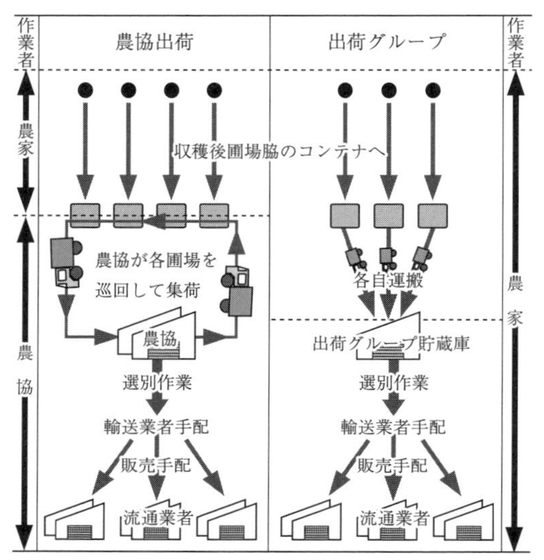

図 15　音更町大牧・光和におけるバレイショ出荷フロー（2007 年）
（聞き取りにより作成）

いった結社縁，血縁に加えて，各農家の経営方針が基礎となった選択的なものであった。

5. 農家間ネットワークの果たす役割

1）農家間ネットワークの複相的広がり

大牧・光和の農家は，それぞれの農業生産の段階によって，それぞれ異なる農家間関係をパスにしてネットワークを形成し，それらが複相的に広がっている（図 16）。まずさまざまな単位の地縁や結社縁などの基層的な社会集団をもとにした入脱退困難なムラ的な社会関係がパスとなって小麦グループや出荷グループが形成され，それぞれさまざまな社会空間の広がりを有している。まず小麦グループの農家は複数の集落におよび，光栄サブでは地区界を越えて集団を形成している。一方，異なる集落であっても

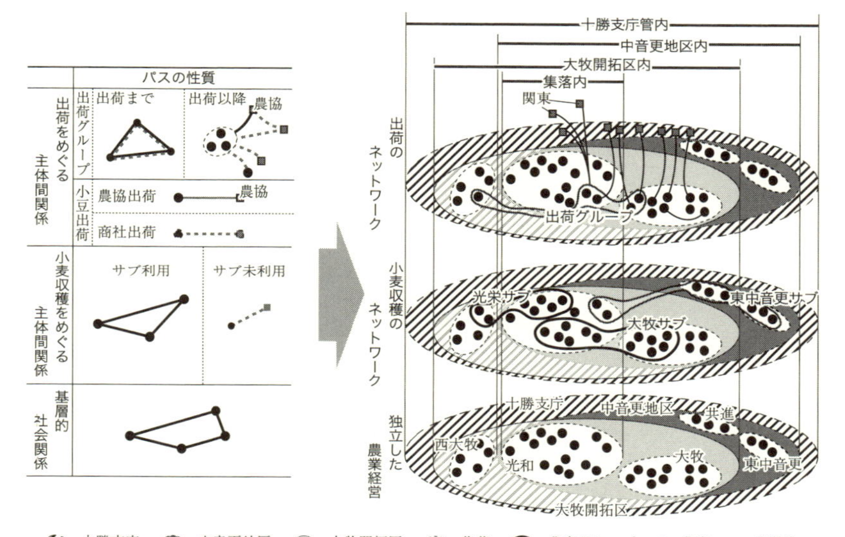

図 16　音更町大牧・光和における畑作農業をめぐる主体間関係と複相的ネットワーク (2007 年)

(分析結果をもとに作成)

大牧サブと光栄サブでは大牧開拓区という結社縁，東中音更サブでは地区という地縁と小学校関係という結社縁を基礎にしたムラ的な社会関係がパスとなって，ネットワークは形成されている。また光和に居住する農家は，駒場小学校の校区となっているが，東中音更サブに属する農家 21 と 25 のみは，光和に居住するものの東中音更小学校が校区となっている。この 2 戸は本家一分家関係にあり，この 2 戸の現在の世帯主からみた祖父が，開拓以前から十勝種畜牧場の小作としてこの地に入植している。さらに祖父は，東中音更小学校の設立に際してのキーパーソンとなっていたことが，大牧開拓区より早い時期から開拓されていた東中音更や共進との結びつきを強めたと考えられる。

これらのことから，小麦グループは集落や地区，大牧開拓区という集団と構成員は完全に一致しないものの，これらの地縁や結社縁で関係が結ばれており，ムラ的な社会関係がパスとなっているといえる。例外的に農家6は小麦を商社に出荷し，小麦収穫をめぐる位相において，その他の農家と異なり居住地とは無関係に形成された入脱退可能な関係によって取引のネットワークを広げている。農家6の世帯主は，首都圏で民間企業に約20年勤務した後，Uターンして就農した。その他の全農業者は学卒後にすぐに就農しており，その他の農業者と，農家6や同じく例外的存在である農家24とは異なるライフコースが農業生産にかかわるネットワークの広げ方に影響を与えていると考えられる。以上のように，小麦グループをめぐるネットワークは，入脱退困難な大牧開拓区もしくは中音更地区という物理的空間範囲を有する地縁と結社縁が重なり合うムラ的な社会関係をパスとして広がり，小麦グループに属さない農家は小麦取引のネットワークを経済取引に限定された「選べる縁」をパスとして大牧開拓区や中音更地区という物理的空間範囲を越えて展開させている。

次に，出荷をめぐる位相において，出荷グループの農家間関係は生産面では集落界を越えるものの，大牧開拓区のなかで完結し，農家13を中心に世帯主の年齢が比較的近い。大牧開拓区という結びつきと，大牧開拓区内で同時期に幼少期を過ごし，小学校や中学校に通った経験をもつ同世代集団という二つの結社縁が重なるムラ的な社会関係に加えて，各農家の経営方針に応じて「選べる縁」がパスとなってネットワークが形成されていた。

他方，出荷をめぐる輸送業者や販売先の手配などさまざまな取引におけるネットワークは，大牧開拓区や中音更地区，さらには音更町という市町村界を越えて展開し，道内他市町村や道外に立地する専門業者との「選べる縁」をパスとしている。小麦グループや出荷グループの出荷までのように，集落や地区といった地縁などをパスとした主体間関係とは性質が異なっている。出荷先手配の際には，農産物業者との意見交換から，農産物取引に発展していったが，取引開始に至るまでには，対象地域において営農するうえで入脱退困難な関係にある農協による仲介があった。農家と農産物業者との直接取引に対する農協からの協力は，輸送業者の手配の時やバレイショを入れるコンテナの調達などでもなされ，音更町農協だけではなく道内他市町村の農協からも協力を受けている。この他に出荷グループに所属する農家のように，農産物業者と取引する他地域の農家ともネットワークが形成されており，コンテナの融通などが行われている。さらに，こうした流通経路を確立していく際に，過去に取引のあった農産物業者との直接取引に関係のない商社からも協力を受けている。かつては経済取引に限定された「選べる縁」にあった関係も，時間の経過とともに，経済的取引に限定されないものになっているといえる。

このように出荷をめぐるさまざまな取引のネットワークは，「選べる縁」をパスとすることによって選択的に形成されていく一方で，そうしたネットワークを広げるためには，入脱退困難な農協との関係も重要な役割を果たしているといえる。

2）各ネットワークと農業経営の関係

本項では，大牧・光和における小麦グループと出荷グループおよび出荷におけるそれぞれのネットワークが，それぞれの位相を通じてノードとなる各農家の農業経営とどのような関連性を有しているのかを考察する。小麦収穫をめぐる位相では，サブの規模の違いから所属農家数に差がある（表4）。一方，所属する農家1戸あたりの平均経営耕地面積は大牧サブで52.4ha，光栄サブで45.4haと差はあるものの，その差は1区画の面積より小さい。農業従事者の平均年齢をみると，大牧サブで51.9歳，光栄サブで50.8歳となり，両小麦グループの農業従事者はほぼ同じ年齢層で構成されている。小麦グループによるネットワークのあり方が大規模化など農業経営に与える影響は小さく，各農家の農業経営に対する意向とは無関係に，国家が小麦の流通を管理する際に利用してきたサブを中心とした地縁をパスにしてネットワークが存在しているといえる。

次に，出荷をめぐる位相では，農協へ出荷する農家が13戸と大半を占める一方で，出荷グループを通じた出荷や，出荷グループには入っていないが，商社へ出荷する農家もそれぞれ4戸ずつ存在する。それぞれの出荷形態と農業経営の関係をみると，まず平均経営耕地面積は出荷グループの

表4　音更町大牧・光和におけるネットワークと農業経営の関係（2007年）

a）　小麦グループと農業経営の関係

利用サブ	農家数（戸）	平均経営耕地面積（ha）	農業従事者平均年齢（歳）	パスの性質	農業経営との関連性
大牧	12	52.4	51.9	ムラ的	低い
光栄	7	45.4	50.8	ムラ的	低い

b）　出荷形態と農業経営の関係

出荷形態	農家数（戸）	平均経営耕地面積（ha）	農業従事者平均年齢（歳）	経営耕地に占めるバレイショ作付率（%）	パスの性質	農業経営との関連性
出荷グループ	4	75.7	47.8	23.8	ムラ的＋「選べる縁」	高い
商社利用	4	31.3	59.3	11.6	「選べる縁」	低い
農協のみ	13	45.5	54.4		ムラ的	低い

注1）大牧・光和における東中音更サブ利用農家は数が少ないために表に算入していない
注2）大牧・光和以外に居住する農家は除外して算出した
注3）「ムラ的」は「ムラ的な社会関係」の略
（聞き取り調査により作成）

農家群で75.7ha，商社を利用する農家群で31.3ha，農協のみに出荷する農家群で45.5haとなり，明瞭な差がみられる。同様に農業従事者の平均年齢をみると，出荷グループの農家群で47.8歳，商社を利用する農家群で59.3歳，農協のみに出荷する農家群で54.4歳となっている。商社を利用する農家群は最も経営規模が小さく，農業労働力の高齢化が進行しているといえる。

これらのことから，出荷グループに属する農家群は若年層が就農し経営規模も大きく，販路開拓等，より積極的な農業経営を志向する集団といえる。さらに大規模経営や販路開拓を展開するために，地縁や結社縁という入脱退困難な関係が重なるムラ的な社会関係と，経済的合理性を求めるなかで結ばれてきた「選べる縁」が重複したパスによるネットワークといえる。

他の出荷形態をみると，農協のみに出荷する農家群の方が，商社を利用する農家群よりも経営規模は大きく，農業従事者の平均年齢も若くなっている。商社への出荷は居住地とは無関係に選択的に形成されてきた「選べる縁」をパスとし，物理的空間が広域におよぶネットワークであるが，ノードとなる農家では経営規模や若年層の就農があまり進んでいない。収益性の増大を目的として「選べる縁」をパスに形成されてきたネットワークも，ノード間のパスとなる主体間関係が長年保持されることによって，農業経営の拡大に必ずしも寄与していないといえる。また経営耕地に占めるバレイショの作付率をみると，出荷グループの農家群で23.8%，その他の農家群で11.6%となっている。出荷グループを介して出荷することによってバレイショの高価格販売が可能となり，各農家はバレイショを中心に据えた輪作体系を組むようになっている。出荷グループをめぐって選択的に形成されてきたネットワークは，出荷グループ農家の経営耕地内のみと限定的ではあるが，土地利用体系にも影響を与えているといえる。

以上のことから，それぞれのネットワークはそれぞれの機能に応じて独立して展開しているが，農家は複相的ネットワークで共通するノードとなり，それぞれの位相で同一もしくは異なる関係をパスとしてネットワークを形成している。ネットワークのパスとなる関係が，同一集落や同一地区などの地縁や，開拓など結社縁の入脱退困難な関係が重なり合うムラ的な社会関係に限定される場合と，入脱退困難な関係を有さず「選べる縁」が単独である場合には，農業経営に対する影響は小さく，ムラ的な社会関係と「選べる縁」が複合的に存在する場合には，積極的な農業経営に寄与するものとなっている。経済目的，非経済的目的を問わず，さまざまな目的に応じて醸成されてきた主体間関係は，農業生産をめぐるさまざまなネットワークの形成に寄与していたが，関係が継続されてきた期間の長短によって，当初の目的とは異なる性格の関係となり，それらをパスとしたネットワークの農業経営への影響も，一様におよぼすものとはなっていないといえる。

注

(1) 上野（1994）では「選べる縁」を，人間関係を歴史的に分析した網野（1978）の「有縁・無縁」を根拠に「選択縁」と表していた。この「選択縁」は地理学においても，主体間関係を質的に分析していく際に用いられている（前田 2008）。このような関係について，Ⅱ章では農家自身の意志で入脱退可能なものの取引相手を自由に選択できない場合もあることから「間接縁」とした。Ⅲ章では，農家などの主体が取引相手を選択できることから「選べる縁」とした。

(2) たとえば，同一集落，かつ開拓を通じた結びつきを有するというような定性的分析を行う。

(3) 音更町役場提供資料による。

(4) 北海道と十勝支庁，音更町の値は2005年農林業センサスより算出した。

(5) 斎藤・木島編（2003）によると，麦類は1952年の食糧管理法の改正で民間流通が可能になったものの，政府買入価格と売渡価格の逆ざやの存在のもとで，麦類のほとんどは政府買入されていた。1998年の「新たな麦政策大綱」によって，麦類の民間流通への移行が進んだものの，自由米流通のように個別農家が容易に民間業者と取引できるような素地は整っていないといえる。

(6) その内訳は，麦類乾燥調整施設建設とトラクター25台，コンバイン2台，各種作業機械117台であった。

第Ⅳ章　大都市近郊における農地移動と水稲単作経営

1．本章の課題

前章まで北海道の大規模畑作地帯に立地する戦後開拓集落を事例に，農地移動に至るプロセスに介在する農家間の社会関係を分析してきた。しかし，北海道の大規模畑作地帯といった条件から，そこでは農業経営の大規模化が生産性の向上に直結しており，農地の社会的機能の維持という側面が希薄であった。さらに，全農家が専業農家であることと，戦後開拓地ということもあり，血縁を基礎とした「家産としての農地」の維持もほとんどみられず，個別農家の経営方針によって農地が集積されていた。そのために，集落という社会集団が農地集積に果たす役割について，十分な検討を加えることができていない。以上をふまえ，本章では大都市近郊にあって，高度経済成長期に農地集積が急速に進展した水稲単作地域を事例にし，特定の農家へ農地が集積されてきたプロセスについて，その背景にある農家間の社会関係を分析し，各農家の農業経営との関連性について考察する。

手順としては，研究対象地域に居住する農家に聞き取り調査を行い，これまでの経営形態と自作地・借地別の農地の分布状況，貸借関係にある世帯，貸借に至る経緯に関するデータを得た。これらのデータを用いて研究

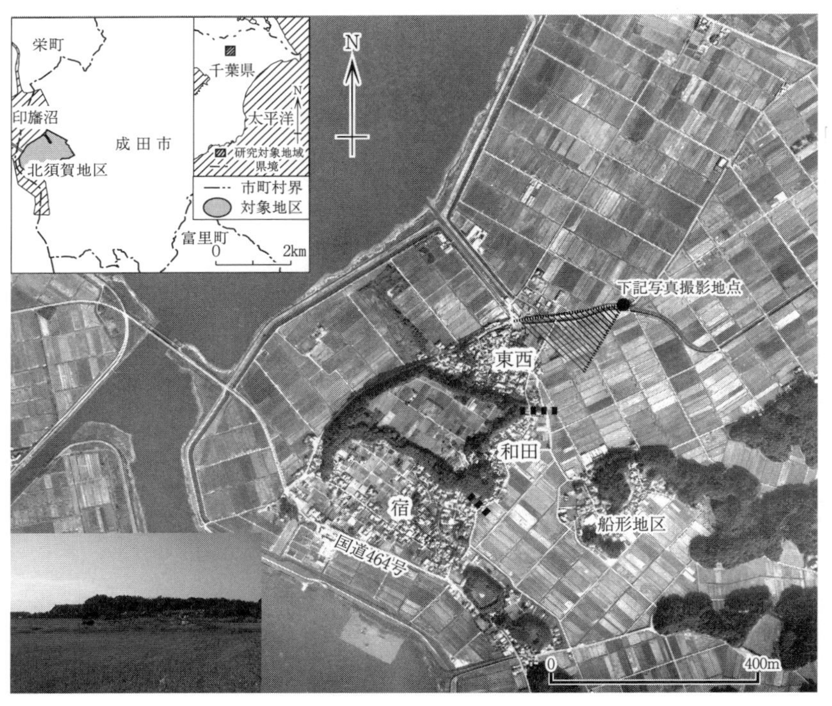

図 17　成田市北須賀地区の位置

（国土地理院撮影空中写真 CKT20064X-C2-30 および現地調査より作成）

対象地域における農業経営の特徴を示した。そして農地移動にかかわる社会関係を，それぞれの性格に応じて整理した。次に，1件ずつの農地移動がどのような社会関係のもとに展開してきたのかを検討した。これらの材料をもとに，農地移動にかかわる社会関係の組み合わせから農家を類型化して分析し，各類型の農地移動に至るプロセス（以下，農地移動プロセス）の特徴が，各農家の農業経営や集落内の農地維持にどのような役割を果たしてきたのかを考察した。現地調査は，2008年10～11月，2009年5～6月にかけて延べ12日間にわたって実施し，本章中の「現在」は調査を実施した「2009年現在」とする。

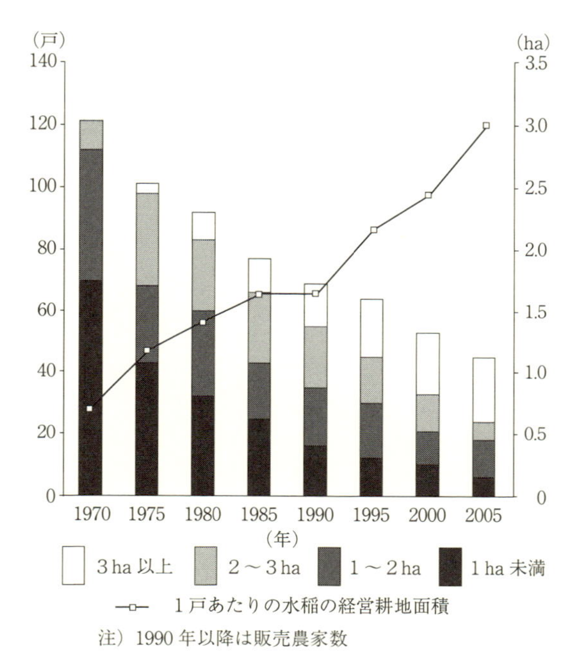

図 18　成田市北須賀地区の経営規模別農家数と水稲作平均経営耕地面積の推移
（農林業センサスより作成）

研究対象地域は千葉県成田市北須賀地区の東西集落と和田集落である。北須賀地区の中心部には標高約 30m の洪積台地が存在し，台地の周囲に家屋が立地している（図 17）。印旛沼に面した低地には干拓地，それ以外の標高が 3～5m の沖積低地には干拓以前からの水田が広がる。北須賀地区は東西と和田，宿の 3 集落から構成され，とくに東西集落と和田集落では，第 2 次世界大戦以前より水田を所有する農家が多い。宿集落ではもともと非農家が多く，その南部を国道 464 号が横断し，交通量が多く，国道沿いには飲食店やコンビニエンスストアが立地している。

2005 年農林業センサスによると，北須賀地区では 45 戸の農家のうち専業農家が 6 戸，第 1 種兼業農家が 10 戸，第 2 種兼業農家が 29 戸である。

北須賀地区の1戸あたりの平均経営耕地面積は3.0haとなる（図18）。農家数については減少傾向にあり，とくに兼業農家の減少が顕著である。専業農家数については1960年から1980年までは減少したが，1980年以降は，ほぼ横ばいである。

2. 成田市東西・和田集落における農業経営と社会集団

1） 東西・和田集落における農業経営

2009年6月現在，東西・和田集落（以下，東西・和田）には68戸が居住し，そのうち農家は25戸（東西19戸，和田6戸）である。それ以外の世帯については，土地持ち非農家が大半を占める。聞き取り調査によって，25戸の農家のうち20戸と，現在は農地を貸し付けている元農家の4戸，計24戸から情報を得ることができた（図19）。農家12，18，19，20の4戸は自給的農家であるので，残りの20戸の農家によって，東西・和田の農地移動の仕組みを把握できると考えられる。なお農家21，24は現在，販売目的とした農業経営を行っていないが，10a以上の農地を所有し，自給目的で耕作していることから「農家」と表記する。

全農家がすべての農業収入を水稲作から得ており，農家10，22，24を除く農家は，世帯主もしくは世帯員が季節的もしくは恒常的に農外就業している。すべての農家は屋敷地周辺の畑で家庭菜園を営むほか，農家4，5，11，20の4戸は台地上の畑で自給用の野菜を栽培している。その他の農家は所有する台地上の畑を農家2，3，19のように，旧大栄町の畑作農家へ貸し付けている。

東西・和田における主たる農業従事者は農家の世帯主で，農家3と17を除きすべて60歳以上である。しかし，農家3，4，22，24以外の農家では息子世代が同居もしくは近居しており，彼らは農繁期に休日などを利用して農業に従事している。貸付世帯では世帯主が高齢であることと，こうした農繁期の臨時労働力を得にくいために周辺農家へ農地を貸し付けている。

類型		農家番号	世帯主年齢	息子世代の同居・近居	集落・班	系統	米出荷先 (%)
借地経営農家	血縁限定型	1	70代	○	和田②	ＳｅⅠ	
		2	60代	○	東西①	ＯｇⅠ	
		3	50代	×	東西④	なし	
	血縁中心型	4	60代	×	和田①	ＤｏⅡ	
		5	70代	○	東西②	ＳｅⅢ	
		6	60代	○	東西①	ＳｅⅠ	
		7	60代	○	東西④	ＹａⅢ	
	間接縁型	8	60代	○	和田①	なし	
		9	60代	○	東西④	ＯｇⅡ	
		10	60代	○	東西④	ＯｇⅣ	
自作地型		11	60代	○	不明	不明	不明
		12	80代	○	東西②	なし	なし
		13	80代	○	東西③	ＳｅⅡ	
		14	60代	○	東西①	ＳｅⅡ	
		15	70代	○	和田②	不明	
		16	60代	○	和田①	Ｓｕ	
		17	40代	−	東西④	ＮｅⅠ	不明
		18	80代	○	和田①	ＮｅⅠ	なし
		19	80代	○	東西①	Ｓｕ	なし
		20	60代	○	東西①	ＯｇⅡ	なし
貸付世帯		21	70代	○	和田①	ＤｏⅠ	
		22	70代	×	東西③	ＯｇⅠ	
		23	70代	○	和田①	ＤｏⅠ	
		24	60代	×	東西②	ＳｅⅡ	

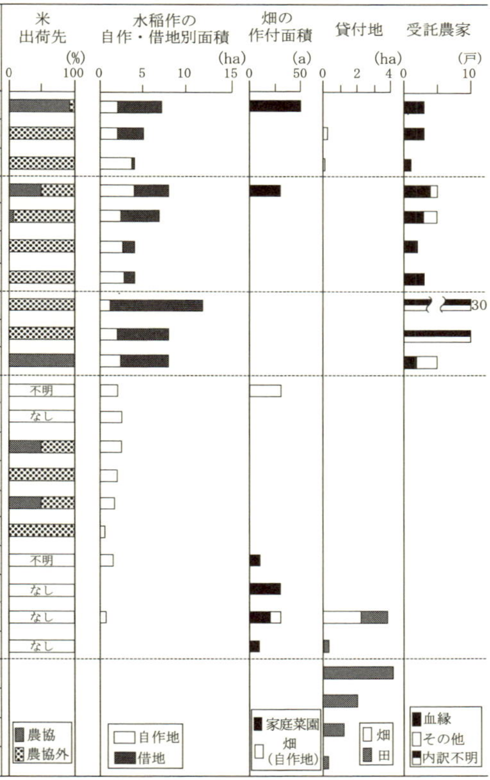

注1) 班の①～④は各集落の第1～4班に対応し，系統はそれぞれの姓の略号にⅠ～Ⅳの番号を付した

注2) 畑の作付面積について10a未満のものは算入していない

図19　成田市北須賀地区東西・和田における農業経営形態（2009年）

（聞き取りにより作成）

経営耕地面積については，0.5～12haと農家による差が大きい。一方，自作地については0.5～4haと農家間の差が相対的に小さく，1戸あたり平均約2.1haの自作地を所有している。借地面積については0.3～10.2haとなり，借地の有無が経営耕地面積の差に影響を与え，借地件数の多い農家ほど大規模経営を展開している。また，対象地域一帯の農地は2度にわたる土地改良事業によって30a区画の長方形に整備されており，耕作条件は比較的均等になっている。借地経営農家のうち，親世代の兼業形態が季節的な農外就業であり，農繁期に2世代の農業労働力が確保でき，農業機械を所有していたものが農業経営の大規模化を進めてきた。全体的に農業従事者は高齢化が進み，農業労働力は不足しており，農地の借手よりも貸手の方が多い傾向にある。

2） 北須賀地区における社会集団

東西・和田における社会集団は，地縁と血縁を基礎として二つに大別できる（表5）。地縁として，地区や集落，班，農家組合などがある。東西集

表5　成田市北須賀地区東西・和田における社会関係の分類

属性	関係の種類	空間的範囲・備考
地縁	班	各集落の下部組織
	農家組合	班に近似する範囲
	集落	東西，和田，宿
	地区	北須賀地区
	氏子集団	北須賀，船形，橋賀台の3地区
	小学校	北須賀，船形，八代の3地区
	土地改良区の支区	小学校区＋台方，下方の計5地区
結社縁	葬式組合	班に近似する範囲
血縁	系統	本家一分家関係
	姻戚	
	イトコ	
	その他シンルイ	
間接縁	農地保有合理化法人	成田市農業センター
	農業資材の販売	
	その他の知人	

（聞き取りにより作成）

落は第1，第2，第3，第4の4班，和田集落は第1と第2の2班，宿集落は第1，第2，第3，第4，根山，田端の6班に分かれている。三つの集落から1人ずつ代表者が選出され，これらの3人は区長，副区長，会計の3役を分担している。区長は集落間の戸数差を考慮し，宿→和田→東西→宿→東西→宿→和田→宿の順に1年交代で担当する。また3役とは別に，各班から1人ずつ計12人の協議員が選出される。区長と副区長，会計，協議員は，2か月に1度協議員会を開催し，これが地区内の活動に関する意志決定機関となっている。地区の主な活動としては，初夏の美化運動や親睦旅行がある。また，班の主な活動は回覧板を回すことである。

次に，地区間の関係を担保する単位として神社祭祀が挙げられる。まず北須賀地区の世帯は，隣接する船形地区と橋賀台地区を合わせて麻賀多神社の氏子となっている。船形地区3人，北須賀地区の東西集落3人，和田集落2人，宿集落4人，橋賀台地区2人の神社役員が選出されている。この3地区とは異なる地区間の関係を担保する単位として，同一の小学校区が挙げられる。1873年に，北須賀地区に北接する八代地区に八代小学校が設置されてから1979年まで，北須賀と船形，八代の3地区は約100年間，小学校を媒介とした結びつきが機能していた（印東分校史編集委員会編 1986）。この3地区に居住する農家は各地区界を越えて農地を所有している。

これらの地域単位より物理的空間範囲が広域におよぶものとして，印旛沼土地改良区の公津支区が挙げられる。公津支区は北須賀と船形，八代の3地区と，船形地区南部に位置する台方地区と下方地区から構成される。公津支区内の全農地は，灌漑と排水のために公津支区で管理する甚兵衛機場を利用しており，この地域単位は水稲作に直接的に結びつく機能集団となっている。さらに公津支区は，行政や農協がさまざまな施策や補助事業を実施する際の地域単位としても機能している。この他に詳細な成立経緯は不明であるが，農家組合が第2次世界大戦前より存在している。農家組合は東西集落3組，和田集落1組，宿集落では6組あり，農家のみが加入している。農家組合の活動としては，農薬のヘリコプター散布や転作，水稲被害調査，肥料購入のとりまとめが中心である。本章では，これらの本来は機能集団のなかで醸成されるさまざまな結社縁も，居住することにより派生して形成され，何らかの地縁によって構築される社会空間の有する物理的空間範囲と一致していることから，地縁に含めることとする。葬儀の運営を担う葬式組合のみ，いずれの地縁の物理的空間範囲とも一致しないため結社縁とする。

次に，血縁集団について，東西・和田集落の事例を中心に示す。現在，東西と和田の集落には，Og（22戸），Se（17戸），Ya（6戸），Do（5戸），Ne（4戸）などの姓が存在している（図19）。さらに同姓であっても，いくつかの系統に分かれている。たとえばOg姓は5系統，Se姓は3系統に分かれている。各系統の有する機能としては冠婚葬祭での協力の他，農地の貸借に際して借手選択の主な規範となる場合がある。また，DoⅡの系統では，以前は無尽講も行い，現在も年始に新年会を催すなど系統としての結びつきが強いといえる。さらに東西・和田集落では，婚姻によって派生した姻戚関係がいくつか存在している。このように系統と姻戚関係が，新たな血縁を醸成する基盤となっている。

第Ⅱ・Ⅲ章と同様に，地縁や血縁によって説明できない関係が存在している。北須賀地区において，これに該当するものとしては，「成田市農業センター」（以下，農業センター）のような農地保有合理化法人[(1)]を介して形成された関係や，農業資材の販売を通じた関係などである。いずれも入脱退が可能な選択性の強い関係であるが，関係を取り結ぶ相手も選択することが必ずしも可能となっていない。農業資材の販売を通じた経済的取引関係や，その他の友人・知人関係については選択可能であるが，農業センターのような農地保有合理化法人を通じた関係については，原則的に農地の出手が農地の受手を選択することはできず，農業センターが農地の受手を機械的[(2)]に選定することから，取引する二者間に選択権はない。さらに，農地転用などが行われる場合，貸手の都合で貸借契約を解消することが可能となっている。以上のことから，本章でもこのような地縁や結社縁，血縁で説明できない関係を「間接縁」と呼ぶことにする。

3. 社会関係による借地経営農家の諸類型

東西・和田において，聞き取り調査を実施した農家のうち10戸は自作地のみで農業を行っており，ここでは自作地型とする。残りの10戸が水稲作での借地経営を行っており（図19），借地は全体で64件[(3)]になる（表6）。借地に際した借手と貸手の社会関係を検討すると，三つに類型化できる。一つ目は，同一系統や姻戚関係などの血縁集団内で農地の貸借が完結する「血縁限定型」である。二つ目は，同一系統や姻戚関係による借地が中心となるが，地縁関係にある農家からも借地を行う「血縁中心型」である。三つ目は，先の2類型のような社会関係に加えて間接縁を通じた借地を行っている「間接縁型」である。次に，それぞれの類型における農業経営の変遷を検討する。

1） 血縁限定型

血縁限定型に該当するのは農家1，2，3の3戸である。血縁限定型の農家による借地は1戸あたり2.3件で，平均経営耕地面積は5.4haとなる。借地経営を行う農家の平均借地件数は7.1，平均経営耕地面積は7.4haであるので，それよりも件数，面積ともに小規模である。この3戸の世帯主の年齢については，農家1が70歳，農家2が64歳，農家3が55歳である。このうち農家1，2では，農繁期にそれぞれの息子が休日を利用して農作業に従事している。農家3は農業機械を個人で所有しているが，農家1は農家10と，農家2は東西集落のある農家[(4)]とすべての農業機械を共有している。農家1と2は，先代以前より専業的[(5)]農業経営を行っており，農業構造改善事業のなかで機械利用組合に加入した。そして1970年代末には借地により，現在の経営規模に近いものになった。さらに農家2は土地改良区公津支区の委員に就いており，北須賀地区の農家の意志調整を行う役割を果たしている。米の出荷先については，農家1は90%を農協に出荷し，農家2，3はすべてを農協外に出荷・販売している。農家2は農業資材などを購入している民間業者に出荷し，農家3は成田ニュータウン内

表6　成田市北須賀地区東西・和田における借地経営農家の農地集積形態（2009年）

類型	借手			貸手					
	農家番号	班	葬式組合	貸手	居住地	間柄	系統	班	葬式組合
血縁限定型	1	和田②	和田2	A	宿	シンルイ			
	Se Ⅰ			B	東西	祖母イトコ	Se Ⅰ	和田②	和田2
				C	宿	次女イトコ			
	2	東西①	東西1	A	和田	父イトコ		和田②	
	Og Ⅰ			B	東西	父イトコ		東西①	東西1
				C	東西	イトコ	OgⅡ	東西②	東西2
	3	東西④	東西4	A	成田市内	イトコ			
血縁中心型	4	和田①	和田2	A	和田	本家	DoⅡ	和田①	和田1
	DoⅡ			B	和田	シンルイ	DoⅡ	和田①	和田1
				C	宿	シンルイ	DoⅡ		
				D	宿	知人			
				E	八代	シンルイ			
	5	東西②	東西2	A	東西	生家の本家	OgⅡ	東西②	東西2
	SeⅢ			B	船形	妻勤務先			
				C	松崎	イトコ			
				D	八代	母イトコ			
	6・7	東西①	東西1	A	船形	知人			
	Se Ⅰ	東西④	東西4	B	東西	農家6イトコ		東西①	東西1
	YaⅢ			C	東西	農家7本家	YaⅡ		
間接縁型	8	和田①	和田2	A	東西	知人	Og Ⅰ	東西③	東西3
				B	和田	知人	Do Ⅰ	和田①	和田1
				C	和田	知人	不明	不明	不明
				D	和田	知人	不明	不明	不明
				E	和田	知人	不明	不明	不明
				F	川栗	息子同級生・農業資材の取引関係			
				この他に北須賀地区内の世帯から24件					
	9	東西④	東西4	A	冨里市	知人			
	OgⅡ			B	横浜市	かつて北須賀地区に居住			
				この他に北須賀地区や船形地区でシンルイや知人によるものが約8件					
	10	東西④	東西4	A	東西	知人	SeⅡ	東西①	東西1
	OgⅣ			B	東西	娘婿	SeⅡ	東西①	東西1
				C	八代	知人			
				D	八代	農業センター			
				E	八代	農業センター			

注1）農家6・7は共同経営であり1戸にした。系統・班の凡例は図19に対応
注2）葬式組合については，班同様に集落名に番号を付した
注3）居住地については，北須賀地区内は集落名，近隣地区については地区名，その他の地区については市町村名とした
（聞き取りにより作成）

で自身の経営する米穀小売店で販売している。

農家1，2，3による借地は合計で7件であり，6件が北須賀地区内の農家からのもので，そのうち3件は同一集落であり，2件は同一の班，葬式組合の社会関係を有している。経営耕地の分布については，ほとんどが北須賀地番である。借手にとって北須賀地番の農地という物理的空間範囲は意識されているが，貸手の居住地がどこであるかは大きな問題となっていない。一方，貸手が船形地番など他地区の農地を所有している場合には，面積は少ないもののそれらの農地も同時に請け負っている。7件中6件の貸手が世帯主もしくは親のイトコ，世帯主の甥や姪となっており，系譜がたどれる程度の近しい血縁関係にある。このうち同一の系統内での貸借は1件のみであり，農地の貸借が本家—分家関係に限定されていない。また，表6に示した農家2のA，Bの貸借については，血縁集団内での共同作業である結が共同経営に発展し，それがA，Bの離農とともに，農家2への借地に移行したものである。

以上のことから，血縁限定型の農地貸借では，貸手が北須賀地番の農地を所有していることが条件となり，貸手の居住地区を問わず，血縁に限定された関係に基づいて貸借されている。農業経営については，借地の件数が少なく，経営耕地面積は小さい。現在のところ積極的な経営規模の拡大や販路開拓などはみられず，現状維持もしくは経営の縮小を志向する傾向が強い。

2）　血縁中心型

血縁中心型に該当するのは農家4，5，6，7の4戸である。血縁中心型の農家による借地件数は1戸あたり4件であり，その平均経営耕地面積は7.5haとなり，血縁限定型に比べて件数，面積ともに大きい(6)。世帯主の年齢については農家4が61歳で，それ以外は69歳以上である。農家4，5の農業労働力については世帯主夫婦のみであるが，農家6，7については息子が近居しており，休日を利用して農業に従事している。

米の出荷先について，農家6は成田市内の民間業者，農家7は世帯主の兄弟が経営する商店に出荷している。農家4は約半分の米を農協に出荷し，残り半分を消費者に直接販売している。農家5は一部を農協に出荷し，2009年から大半を，北須賀地区と船形地区との農家からなる生産者グループを通じて販売している。また，農家5は1990年代末まで，夏季に佐倉市で週2回の行商を行っており，従前より積極的な出荷・販売を展開していた。

農業機械については，農家4，5は個々に所有している。農家6，7では世帯主がイトコ関係にあり，すべての農業機械を共有し，借地では共同で定植と収穫を行い，収益を折半する共同経営を行っている。この共同経営は農業構造改善事業により組織された機械利用組合に起因するものである。1970年代に8戸から構成される機械利用組合が組織されたが，戸数の多さから農繁期の利用調整が困難になり，組合員は減少していった。そのなかで，機械の利用調整が円滑に進んだ2戸で，機械の共同利用が継続されることになった。そして1970年代末には，借地により現在の経営規模に近いものになっている。例外的に，農家4は第2次世界大戦後の農地改革で多くの農地を失った経緯から，農地の購入による農地集積も同時に進めた。

血縁中心型の4戸による借地は合計12件である。この12件のうち7件の貸手は北須賀地区内の農家であり，そのうち5件は同一集落，4件は同一の班，2件は同一の葬式組合のなかで貸借が行われている。12件のうち残りの5件の貸手は，船形地区の2戸，八代地区の2戸，松崎地区の1戸である。船形地区と八代地区に居住する貸手の農地は北須賀地番のものであるが，貸手がその他に所有する船形地番や八代地番の谷津田も，面積は少ないものの同時に引き受けなければならない（図20）。また，船形地区と八代地区については，小学校や土地改良区を介した地区間の結びつきがあり，さらに船形地区に関しては，神社を介した地区間関係も存在している。一方，松崎地区の貸手からの1件は松崎地番の農地で借手の宅地から農地まで約1.7km離れているが，貸手と借手はイトコ関係にある。

12件中9件の農地貸借は何らかの血縁関係に基づいている。このうち，同一の系統内での貸借は3件である。同一系統内での借地の事例として農家4は，5件の借地のうち3件を同一系統の世帯から借りている。DoⅡ

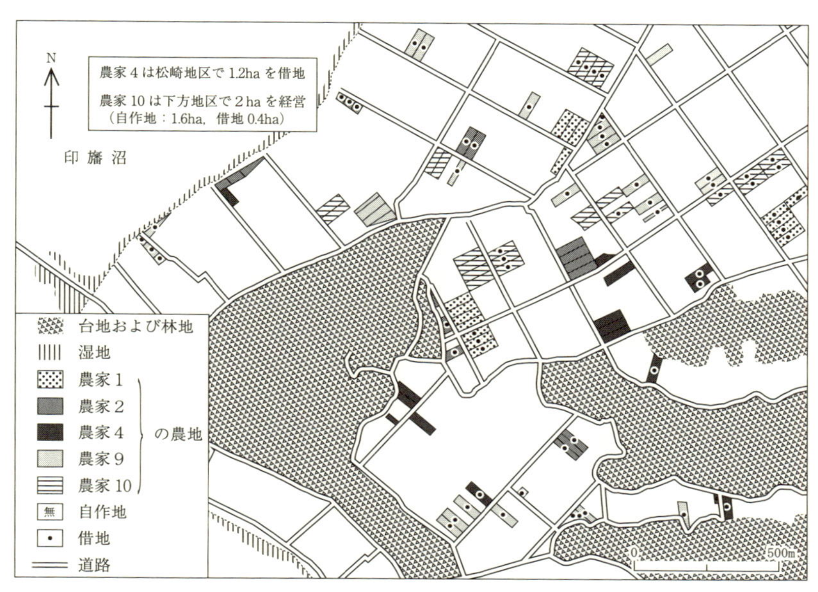

図20　成田市北須賀地区東西・和田における経営耕地の分布の一端（2009年）
（聞き取りにより作成）

系統内では農家4以外に農家がもう1戸あり，その農家も系統内の世帯から借地しており，系統という社会集団の「家産としての農地」を維持するという役割が農地貸借に結びついている。この他の血縁関係としては，世帯主もしくは親のイトコ，世帯主の甥か姪というものが3件で，その他の親戚関係にあるものが3件である。また，貸手が他地区に居住している5件のうち，3件は系譜がたどれる程度の近しい血縁関係にあり，他地区に居住する貸手から借地する際，重要な契機となっている。たとえば農家5のCの借地では，当該農地が松崎地番であり，農家5の宅地と直線距離で2km以上離れているうえに，公津支区とは水利系統が異なることから，機場管理費や用排水路の清掃などが公津支区のものに加えて課される。しかし，松崎地区で積極的に農地を引き受ける者はおらず，農家5は近しい血縁関係から，生産効率の面からは好ましくないものの「家産としての農地」の維持のために借地するに至っている。

血縁中心型のなかの非血縁関係の事例として，農家５のＢ（表6）の農地は北須賀地番であるが，貸手は船形地区に居住している。船形地区とは神社を介した地区間の関係にあり，他地区外ではあるが世帯間の空間的な近接性は高い。さらに，農家５のＢは農家５の配偶者がパート勤務する会社の経営者世帯である。さまざまな位相で結びつく，北須賀地区と船形地区という隣接する地区間の関係といった地縁に加えて，その他の関係が付加されることにより，農地の貸借が行われている。この他に非血縁関係にある貸手からの借地について，農家４のＤ（表6）は北須賀地区内の他集落に居住し，血縁関係を有していない。これは貸手Ｄの同一系統内には農家が多く，系統内の特定農家に農地を貸すと，系統内の人間関係を悪化させることが懸念されたためである。このことから，系統という血縁集団は農地集積において，正負の両側面を有している。

血縁中心型の借地では，血縁限定型と同様に北須賀地番の農地であることがほとんどであるが，貸手との地縁は北須賀地区や集落，班などに限定されていない。また，他地区の地番の農地であっても，「家産としての農地」の維持という社会的側面から借地を行っている。非血縁関係による借地では，北須賀地番の農地を所有していることが条件となり，北須賀地区内や船形地区までの比較的近しい地縁関係に基づいていた。農業経営については，血縁中心型は借地の件数，経営耕地面積ともに，血縁限定型よりも大きくなっている。農家４と５は販路の開拓など積極的な農業経営を行っているが，農家６と７は血縁限定型と同様に現状維持志向の農業経営を行っている。

3）　間接縁型

間接縁型に該当するのは農家8，9，10の３戸である。間接縁型の農家によるそれぞれの借地件数は5～30件，平均経営耕地面積は9.3haとなり，三つの類型のなかで経営規模が最も大きい。この３戸の世帯主の年齢は３人とも60歳代の後半である。さらに３戸とも息子が同居または近居しており，農繁期には休日を利用して農業に従事している。

農業機械については，農家10は先述の通り農家１と共同利用している。

農家８と９は1968年から2006年まで共同利用を行っていたが，2007年より個人所有に移行した。この２戸による機械の共同利用は，第２次農業構造改善事業以前に行われた。そして，1969年に農家８が借地経営を開始したのを嚆矢として，1970年代に農家９と10も借地経営を開始し，現在の半数以上の借地をこの時期に行った。また，農家８は農業センターの公津支区長に就いており，北須賀地区の農家の意志調整を行う役割を果たしている。

米の出荷先については，農家10のみが農協に出荷し，農家8，9はすべて農協外に出荷している。農家９は印旛村の商店を中心に出荷し，近年は九十九里方面から買い付けに来る農産物業者にも出荷している。農家８は2007年まで農協へも出荷していたが，2008年以降は，すべてを成田市に隣接する栄町と本埜村（現印西市）の農家７戸と農家８によって構成される共販組織を通じて，首都圏コープや都内の弁当業者へ出荷している。

間接縁型の３戸による借地は計45件である。この45件のうち70％以上が北須賀地区内に居住する世帯からのものである。血縁中心型の農家と同様，貸手が八代地区などの地区外や市外の世帯であっても，借り受ける農地の多くは北須賀地番を中心とし，貸手が船形地番や八代地番の谷津田も所有する場合には同時にそれらも請け負っている。例外的に農家８の貸手Ｆ（表6）は成田空港付近の川栗集落に居住しており，農地も川栗集落内にある。農家８は稲の育苗・販売を手がけており，貸手の離農以前はこの貸手に苗の販売を行っていた。さらに，農家８のＦと農家８の息子は高校の同級生であり，この関係が苗の取引を介した結びつきを強化し，農地貸借に至っている。

また農家10のＤとＥとの農地貸借は農業センターを介して成立したものである（表6）。以前より農家10と貸手の間に面識はあったが，この貸借取引は第三者的組織を介して機械的に決められた。そのため農地の貸借契約を結ぶ際に，借手―貸手間の社会関係は反映されていない。この農業センターを介した借地については，件数は少ないものの2000年より行われ，1970年代に行われた借地とは性格が異なる。血縁関係については農家９の借地の一部(7)と農家10のＢとで該当するのみである。

間接縁型は借地経営を展開していくなかで，特定の社会集団に限定せず北須賀地番の農地を中心に多様な関係にある貸手群から農地を借りている。その貸手群のなかには血縁が含まれることもあるが，血縁のみに限定していない。また三つの類型を通じて借地件数が最も多く，農業経営の大規模化が進んでいる。販路開拓などにも積極的であり，多様な関係を駆使して，借地を利用した規模拡大が現在まで継続されてきた。しかし，間接縁型の世帯主の年齢は3戸とも60歳代後半であることから，今後のさらなる規模拡大には消極的である。また，半数以上の借地は地縁や血縁の脱退不可能な関係のもとに行われている。こうした農地貸借は基本的に貸手自身で耕作することができなくなったもので，「親戚だから」や「近所だから」といったことを契機として，借手に請け負ってもらっているものである。そのために貸手の都合で容易に貸借契約を解消することができないものとなっており，大規模借地経営を行う借手にとっては貸借契約の解消というリスクの少ない借地となり，安定的な経営耕地面積の確保に寄与しているといえる。

4） 自作地型

自作地型には10戸が該当する。自作地型は平均2haの農地を所有しており，借地経営農家の自作地面積と近いものになっている。世帯主の年齢は農家17を除く全農家で65歳以上であり，多くの農家では息子や孫が補助的労働力として農業に従事している。このうち販売農家の米の出荷については，農家13と15が生産物の約半分を農協に出荷する以外は，民間業者へ出荷している。また，農家11は一部を近隣の農産物直売所へ出荷している。

自作地型と借地経営農家，離農した兼業農家（貸付世帯）に分化した要因は農外就業形態の違いであった。借地経営農家の世帯主の1970年代における農外就業形態は季節的なものであったが，自作地型10戸のうち6戸の世帯主は恒常的に農外就業に従事していた。同様に，1970年代に離農した兼業農家の多くも恒常的な農外就業に従事していた。離農した兼業農家では，自作地型よりも所有農地が少なく，農業機械を導入すると農業収入では機械費の償却が難しかったが，自作地型は離農した兼業農家よりも所有農地が大きく，農業機械費の償却が可能であった。その結果，離農した兼業農家は農作業の時間を確保することが難しくなり，周辺の借地経営農家に農地を貸すようになった。一方，自作地型では世帯員が農外就業に従事する割合が高いにもかかわらず，機械などを導入して省力化し，自作地のみで農業経営を継続するに至った。

しかし，近年の米価の低迷や生産費の上昇により，自作地農家の経営規模では採算がとれなくなりつつある。さらに，農業従事者の高齢化による労働力不足が顕在化している。農家 19, 21, 22 などは自作地型であったが，高齢化による労働力不足によって，最近になって農地貸付を行うようになった世帯である。このように，自作地農家は近い将来に離農する可能性が高く，ますます地区内や地区外の借地経営農家に農地が集積されると予想される。

4. 農地集積の形態と借地経営

1）農地集積のプロセス

これまでの分析から，多様な農地集積の形態が農業経営にいかなる役割を果たしているのかを，それぞれの類型を特徴づける農地集積を展開してきた農家を具体的事例として取り上げて考察する。

血縁限定型では借地の際，貸手が北須賀地番の農地を所有していることが条件となるが，貸手の居住地は同一集落であることや北須賀地区に限定されていない（図 21）。血縁については本家―分家関係よりも，姻戚やイトコなど比較的近しい関係が重要な結びつきとなっている。一方，借手と貸手の農地は分散しており，農地集積が生産性の向上に寄与していないこともある。たとえば，農家 2 の世帯主は「親戚の農地だから引き受けている」と述べており，貸手が船形地番の農地を所有していても，血縁集団内の所有する農地で耕作放棄地を生まないために，そうした宅地から離れた農地も同時に請け負っている。農家 2 のように血縁限定型では，農業経営

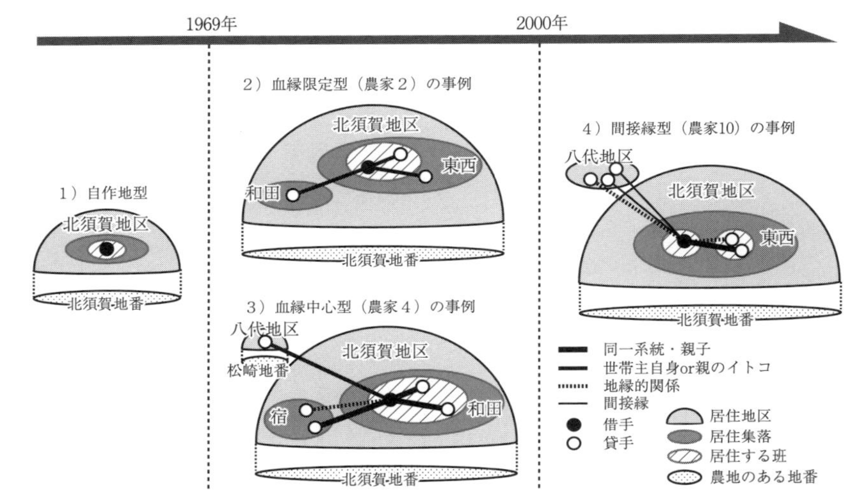

図 21　成田市北須賀地区東西・和田における農地移動にかかわるネットワークの広がり
（分析結果をもとに作成）

に対して現状維持志向が強いことから，生産性向上のためではなく，血縁集団の「家産としての農地」を維持していくうえで農地集積を行っているといえる。

血縁中心型では，血縁限定型と同様に農地の分布は北須賀地番が中心となるが，各農家の経営耕地は分散している。借手と貸手の関係は小学校，土地改良区，神社を介したものにおよび，貸手の居住地は隣接する船形地区や八代地区，松崎地区に広がっている。借地の経緯としては，12 件中 9 件は系譜のたどれる程度の近しい血縁に依拠し，その他の 3 件は地縁のみである。血縁については，本家―分家関係に基づいた同一系統のものや，比較的近親内での借地が多く，ほとんどの農地貸借は「家産としての農地」を維持するために行われている。

非血縁関係による借地では，貸手との関係は北須賀地区の居住者に限定されることはないものの，北須賀地区内や隣接する船形地区までにとどまり，比較的近しい地縁関係に基づいている。すべての貸手が北須賀地番の農地を所有しているが，船形地番や八代地番の谷津田も所有している場合もあり，それらの条件の悪い谷津田も同時に引き受けなければならない(図20)。借手が作業の効率性を求めて，耕作条件の良い北須賀地番の農地だけを請け負うことができない。各農家の農業経営方針を問わず，農地貸借では，借手と貸手の日常生活上の社会関係を維持するためにも，借手の農業経営上の都合だけで農地貸借が行われていないといえる。

また，農家4，5のように積極的な農業経営を行う際には借地件数が多くなり，農業生産の拡大といった動機によっても農地集積は行われてきたといえる。借手と貸手が近しい社会関係にある農地貸借は貸手の都合で貸借契約を解消しにくく，積極的な農業経営を展開する農家にとって，結果的に安定した経営耕地面積の確保に寄与しているといえる。

間接縁型については，三つの類型を通じて農業経営に最も積極的であり，それぞれの農地集積に至るプロセスは他の2類型と比べて多様である。特徴的なものとして農業センターを介した借地では，仮に借手と貸手に地縁や血縁が存在していても，貸借契約において両者の関係を経済的行為に限定させ，貸手の都合で貸借契約を解消することができる。とくに北須賀地区のように，鉄道建設など農地転用の可能性のあった地域では，貸借契約の解消が必要となる場合も多い。具体例として農家8は，高速鉄道建設予定地に借地があり，予定地となった農地を地権者へ返還した。そのためにこのような農地集積形態は，貸手にとって小作権の発生という貸借契約に対する不安要素を軽減する役割をもっている。また，農業センターが適当な借手を選定してくれるために，貸手が借手を探す必要はない。今後，農業従事者の高齢化が進む東西・和田では，農地の受手の確保が困難になることが予想され，農業センターを介した農地の取引が増加すると予見される。

一方で間接縁の場合，借手にとっては貸借契約解消による経営耕地面積の減少というリスクをはらむが，全借地のうち70％以上は他の2類型と同様に「家産としての農地」の維持などの役割が含まれる社会的性格の強いものである。このことから，近しい社会関係にある安定的な貸借契約により，一定の経営耕地面積を確保し，さらなる規模拡大を志向するうえで，その他の関係を介して農地を集積し，さらなる大規模化を図ってきたといえる。

また，近年になって貸付を開始した農家19，21，22は，かつては自らも借地で農業経営を行ってきたが，世帯主の高齢化によって農業経営を縮小・中止したため貸付面積が大きい。しかし現在，借地経営農家や自作地型であっても農業従事者の高齢化は進んでいる。農家3を除き，いずれの借地経営農家の農業専従者も60歳以上であり，将来的な農業労働力不足は必至である。これらの農家は1970年代より規模拡大を実施しており，これらの農家が離農した場合，1件の借地面積が，1970年代の借地面積に比べて大きくなると考えられる。

2） これからの農地集積形態

対象地域の今後の農地集積を展望すると，これまでの代表的形態である，血縁や地縁を基盤とした貸手1戸に対して1戸の借手が請け負う方法では，1戸の借地農家で請け負いきれないことが予想される。1戸の貸手に対して複数の借手に分割するような形態や，遠方の大規模農家に一括して委託するなどの代替的な借地経営の方法も求められるようになるだろう。こうした場合，さらなる大規模化を志向する農家や，農業センターのような借手を探索する公的機関の役割の重要性がさらに増大していくといえる。

しかし，従来のようなムラ的な社会関係に基づく農地貸借が消滅することはないと考えられる。大都市近郊で農外就業機会に恵まれていることから，借地経営を行う農家では息子世代が同居・近居している。ほとんどの農家の世帯主は60歳以上であるが，この世帯主らも兼業で農業経営を継続してきており，将来的に同居・近居する息子世代に経営委譲することが予想される。その時には，現在の世帯主と同様の農業経営が行われることから，地縁や血縁に依拠した農地集積は存続すると考えられる。

この他の問題として，借地経営農家の経営耕地が分散しており，規模拡大に見合ったコストダウンは期待通りには進んでいない。そのために生産性の向上を目的とした農地集積は進みにくい。これに対して北須賀地区においては，2009年の生産より地区内の印旛沼に面した農地を，地権者の了承をもとに耕作者ごとに連続した経営耕地となるように交換分合を行った。この取り組みは現在試験的な段階であるが，将来的には地区全体で実施できるような働きかけが行われ，農地を集積する際，生産性の向上といった経済的メリットを見込めるようにすることが期待されている。

注

(1)　農地保有の合理化と有効利用に向けて，農業生産の向上，担い手の確保などを促進することを目的に，成田市と成田市農業協同組合の共同出資により1999年3月30日に公益法人として開設された。

(2)　農業センターを介して農地の受手が選定される際，受手農家と当該農地の近接性は考慮されるものの，受手農家と出手農家との社会関係は考慮されない。また，受手農家の選定後，貸借関係に発展しなかった事例は例外を除いて存在しない。

(3)　農家9の農地集積の件数は約10件であり，10件として合計した。

(4)　この農家の世帯主は，農家2の世帯主とイトコであるが，病気療養中であるために調査を実施できなかった。

(5)「専業的」について，息子や配偶者などの世帯員のいずれかがアルバイトやパートに就く場合も「兼業農家」となる。しかし，対象地域においては冬季の裏作はなく，農外で就業する場合も多い。地域内で「農業専業」と認識される場合でも統計区分上は専業農家とならないことから，こうした農家を「専業的」と便宜的に呼称する。

(6)　農家6，7は2戸で共同経営しているために，1戸として計算した。

(7)　農家9のそれぞれの借地の背景にある社会関係は不明であるが，聞き取りによると，血縁に基づく借地は付随的なものであった。

第2部　小括

第2部では，規模拡大に経済的メリットの見出せる地域として，北海道十勝平野の大規模畑作地帯（第Ⅱ章）と関東平野の水稲単作地域（第Ⅳ章）を取り上げて，大規模化の基盤にある農地移動の展開を，取引の主体となる農家間の社会関係を分析することから検討してきた。さらに十勝平野では，農地移動に加えて作付から出荷までの農業生産活動に注目して，同じく取引する主体間および共同作業を実施する農家間の社会関係を分析することから検討した（第Ⅲ章）。その際，農地移動や農業生産をめぐる諸現象にかかわる農業者間の社会関係の組み合わせに着目して分析を進めた。そして農家間の社会関係をもとに構築されたネットワークが，各農家の農業経営へ，いかに関連するのかを考察した。

その結果，十勝平野ではすべての農家が収益性の向上を図る目的で農地移動を展開させていた。そして農地移動にかかわる農家間の社会関係はムラ的な社会関係によるものが中心で，とくに農地の出手は集落内や同一地区を中心としていた。各農家は経済的動機により農地を集積しているため，作業効率の点から物理的空間は狭域であることが望まれた。そのなかでムラ的な社会関係による農地移動は，農地の受手が多い場合においては貸借契約の解消に至りにくく，安定的な大規模経営に寄与していた。ムラ的な社会関係による農地移動は経済的動機によって展開するなかで，結果的に集落内の農地利用を維持することに寄与していた。

一方，さらなる大規模化を企図する農家は経済取引に限定された間接縁に分類される社会関係に基づいて農地を集積し，集落界を越えて広域に自身の経営耕地を展開させていた。他の集落に拡大した農地移動は，大規模化を志向する農家が経済的動機から農地の獲得を競合するなかで展開していた。受手となる農家は同一集落か否かを問わず，経済取引に限定された間接縁を通じて能動的に農地を集積していた。そのために，他集落の農家が大規模化を志向するなかで，集落内の農家よりも高い地代を提示して入作することもあった。これらのことから，経済的動機ではあるものの近隣関係や同一集落などのムラ的な社会関係が結果的に農業集落内の農地利用の維持に寄与し，経済取引に限定された間接縁が，面積は少ないものの他農業集落におよぶ農地利用の維持に寄与していた。

この間接縁に分類される経済取引に限定された社会関係自体は，新しく構築されたものだけではない。これらは従来から存在したものであるが，農業経営に活用されるようになった要因として，道路の整備と機械化による農地までの移動時間の短縮が挙げられる。移動時間の短縮は，主として受手側の農地集積を広域化させる不可欠な条件であるといえる。一方，出手側の農地の売却・貸付が広域化した要因として，負債の完済により出手が農地の売却・貸付を選択できるようになったことが挙げられる。このことによって相場に応じた地代の設定をしたり，より高い地代を提示する農家へ貸し付けたりすることが可能となった。その結果，農地移動は同一農業集落内を中心に展開し，さらに各農家の経営形態や状況に応じて，農業集落や地区の境界を越えて展開するようになり，農家の経営耕地面積がさらに拡大し，大規模経営の基盤が整えられたといえる。

他方，**第Ⅱ章**で説明手段とした多様化した社会関係は，農地移動のみならず農業経営全般に影響を与えうるものである。たとえば，対象地域の酪農専業農家では農地移動が近隣農家で完結する一方，牛の繁殖時には多様な社会関係のもとに借り腹などが行われている事例もみられた。また，畑作専業農家が共販体制を組織し新たな販路開拓や流通ルートを確保する際には，農地移動の場合よりも広い範囲での社会関係が存在していた。こうした農地移動以外の農業生産活動について，**第Ⅲ章**ではとくに作付から出荷までの活動を取り上げて検討した。

十勝平野では大規模畑作や酪農に加え，帯広市近郊地域では露地野菜生産がさかんに行われていた。そのなかで研究対象地域として取り上げた音更町大牧・光和集落は大規模畑作の核心的地域であり，現在まで大規模化が進展し，どの作物の生産も農家の生計を支える経済活動として機能していた。各農家の農業経営は個別に行われる一方で，集落や地区という社会集団から形成される地理的スケールのなかで展開しており，完全に独立した形態とはなっていなかった。とくに小麦の収穫から出荷にかけての作業をめぐる農家間のネットワークは，物理的空間が狭域な地縁および結社縁など重なり合うムラ的な社会関係をもとに構築されていた。出荷グループのネットワークのノードとなる農家は，地縁と同世代という結社縁が複相的に存在するムラ的な社会関係にある農家群である。しかし，ムラ的な社会関係にある農家がすべてノードとなるわけではなく，各農家の経営方針に応じて出荷グループに参画している。このことから出荷グループのネットワークはムラ的な社会関係に，経済取引に限定された関係が重なるなかで展開しているといえる。そして，これらのネットワークが多様な広がり方をみせ，各農業経営や土地利用体系に多様な影響を与えていた。こうしたネットワークの網の目が重なり合うように複相的に展開することで，対象地域の大規模畑作の卓越する農業生産空間が形成されてきたといえる。

第Ⅱ章と同様に**第Ⅳ章**では，関東平野の水稲単作地域である千葉県成田市北須賀地区東西・和田集落を事例にし，農家間の社会関係から農地移動に至るプロセスを分析した。その結果，東西・和田では，1969年から借地による農地集積が開始されていた。1970年代末には多くの農家が借地経営を行っており，経営規模は現在に近いものとなっていた。1969年から1970年代末における農地貸借を実施する農家間の結びつきには，何らかの血縁を有する場合が多かった。血縁を有していない場合でも，隣接地区であったり小学校や土地改良区などの結社縁であったりと比較的近しい結びつきとなるムラ的な社会関係にあった。貸手の居住地は北須賀地区に限定されていないが，借地の対象となる農地は北須賀地番のものがほとんどであり，北須賀地区の集落機能の維持や，血縁集団の「家産としての農地」を維持するといったことが動機となっていた。さらに，隣接地区に居住する貸手から借地する場合は，ムラ的な社会関係から，借手―貸手間の社会関係を維持していくうえで，隣接地区の耕作条件の悪い農地も同時に引き受ける必要があった。そして2000年以降には，間接縁を通じた農地貸借がみられるようになった。間接縁を通じた農地貸借の場合も，借手が北須賀地番の農地を中心に請け負っている。しかし，貸借契約の解消が可能であり，借手—貸手の関係は経済取引に限定されていた。そのために間接縁による借地は，貸借契約の解消というリスクをはらむが，間接縁型の農家は半数以上の借地を，多様な組み合わせからなるムラ的な社会関係にある貸手から借りることによって経営耕地面積を安定化させ，補完的に経済取引に限定された間接縁による借地を行ってきたといえる。

以上のことから，いずれの地域でもムラ的な社会関係は安定的な経営規模を確保するうえで重要な役割を果たしていた。他方，農業集落界を越える場合においてもムラ的な社会関係は無関係なものではなかった。物理的な空間範囲は広いものの，ムラ的な社会関係に含まれるさまざまな結社縁などが存在していた。経済取引に限定された間接縁による農地移動は，農業集落界を越えた場合にみられる場合が多かったが，同一集落内の農地貸借においても経済取引に限定された間接縁によって行われる場合もみられた。農地移動を個別的に取り上げると，経済取引に限定された間接縁による農地移動は，可視的にとらえやすい物理的空間の広狭や農業経営の大規模化という点で注目されやすい。しかし地域全体の農地移動の動態をとらえると，多様な組み合わせからなるムラ的な社会関係が農地移動の契機となる方が多かった。経済取引に限定された間接縁による農地移動は，農業経営を展開するうえで補完的なものであった。さらに，それぞれの農地移動には農業集落や地区の境界が存在するものの，境界を越えるか否かは問題ではなく，集落界を越えることがあっても，それは結果的に越えたものであり，越えない場合もある。物理的空間の広狭は可視的に表れているが，それはさまざまな社会関係に基づいて形成された社会空間の境界が基底に存在し，それが可視的に表れた結果と考えられる。これは共同作業や出荷をめぐる農家間のネットワークにおいても同様で，村落社会においてさまざまな役割を果たす社会関係は，農業生産の段階に応じてその作用の仕方が異なっていた。従来のムラ的な社会関係は固定的なものではなく，その組み合わせは多様であり，そのあり方によって各現象の想起する物理的空間の広狭が決まり，必ずしも農業経営の大規模化を阻害するものでもなかった。これらのことから，ムラ的な社会関係は経済合理的な農業経営を阻害し，従来のイエ・ムラに縛られないネットワークが積極的な農業経営を可能にさせるというような短絡的な理解はできないと考えられる。

第３部　農地利用の集団的管理と村落社会

第Ⅴ章　淡路島三原平野における
農地管理と小規模経営

1．本章の課題

第２部では規模拡大に経済的合理性の見出せる地域を事例として，農地移動プロセスを農家間の社会関係に注目して分析し，農地利用の維持を通じた管理のあり方について検討してきた。農地集積が進められるなかで，地縁や結社縁，血縁に加えて公的機関などを通じて取引相手を選定したり，より高い地代を提示する相手と農地を取引したりする事例がみられた。しかし，いずれの地域も大規模化に経済的合理性を見出せる地域であった。農地改革以降の日本農業の特徴として，小規模農家が農地を分散して保有することにより，農地移動は経済的合理性の追求とは異なる論理でも展開している。非経済的側面より展開する農地移動は日本農業を特徴づける要素の一つといえるが，こうした農地移動がいかなる社会関係を契機として展開するのかは十分な検討がなされていない。農業経営の大規模化とは異なる文脈での農地移動の仕組みについて明らかにしていくことも，農地利用の維持を考えていくうえで重要になると考えられる。

そこで本章では，小規模農家が優勢を占めるものの，農地移動が進み，農地利用が維持されている地域を事例に取り上げて検討する。農地利用の維持に向けた農地移動プロセスに，農家間のいかなる社会関係が存在するのかを分析することから，それぞれの農地移動プロセスと農業経営との関係を考察する。

本章でも同様に，農家間の社会関係の広がりや結びつき方に注目する。手順としては，まず研究対象地域に居住する農家への聞き取り調査から得た，これまでの経営形態と自作地・借地別の農地の分布状況，貸借関係にある世帯，貸借に至る経緯に関するデータを用いて研究対象地域における農業経営の特徴を示す。そして農地移動にかかわる社会関係を，それぞれの性格に応じて整理する。次に，1件ずつの農地移動がどのような社会関係のもとに展開してきたのかを検討する。これらの材料をもとに，農地移動にかかわる社会関係の組み合わせから農家を類型化して分析し，各類型の農地移動プロセスの特徴が，各農家の農業経営や集落内の農地維持にどのような役割を果たしてきたのかを考察する。現地調査は2009年4月から2010年1月にかけて延べ約40日間実施した。なお第V・VI章中の「現在」は調査を実施した「2010年1月現在」とする。

研究対象地域に兵庫県南あわじ市上幡多集落（以下，上幡多）を選定した。三原平野は南あわじ市の旧三原町域を中心に旧西淡町，旧南淡町，旧緑町の一部に広がる沖積平野である（図22）。三原平野は瀬戸内型気候区に属し，年間を通じて温暖であり，夏季は少雨である。そのため農業は周年的に行われ，農業用水を確保するためのため池が多く分布している。2005年国勢調査によると，南あわじ市の人口は52,283，人口密度は228.1人/km^2（総面積229.17/km^2）である。人口は減少傾向にあり，65歳以上の人口は30%弱となり高齢化も進んでいる。

南あわじ市の農業生産は，水稲やタマネギ，キャベツ，レタス，ハクサイなどを組み合わせた「三毛作」と呼ばれる年2，3作の輪作体系により展開している。農地は1年を通じて集約的に利用され，2005年現在，農地の利用率は南あわじ市全体で165.0%となり，耕作放棄地は少ない。こうした耕種農業に加え，酪農と肉用牛繁殖といった畜産もさかんである。

また三原平野では，高度経済成長期より「手間替農業」と呼ばれる農地

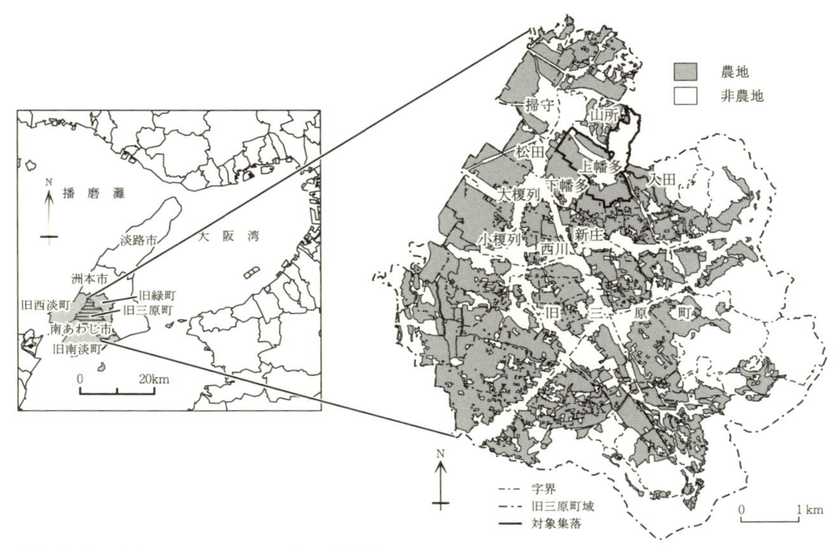

注）農地の分布については2009年4月現在

図22　南あわじ市上幡多の位置

（南あわじ市役所提供資料より作成）

貸借が行われていた。手間替農業は，秋から春にかけての裏作期に，表作期に水稲作のみを行う第2種兼業農家が専業農家や第1種兼業農家へ農地を貸し付けるというもので，おおよそ集落のなかで近隣関係や血縁関係にある農家間で行われていた（古東 1997）。専業農家や第1種兼業農家が，農業労働力が不足する第2種兼業農家の農地を請け負うことにより農業集落内の農地利用が維持されていた。

他方，水稲作においては，1978年から10年計画で実施された水田利用再編対策によって生産量が減少し，三原平野においては水稲作から十分な収益を上げることが困難になった（大原 1983）。このことが表作期に水稲作を行う第2種兼業農家の生産意欲の減退につながった。その結果，第2種兼業農家が貸手となる農地貸借は，1980年代から裏作のみのものから，周年的なものへと移行した。2009年4月現在，南あわじ市において計118件の農地貸借が行われたが，裏作のみのものはわずか3件のみであった(1)。

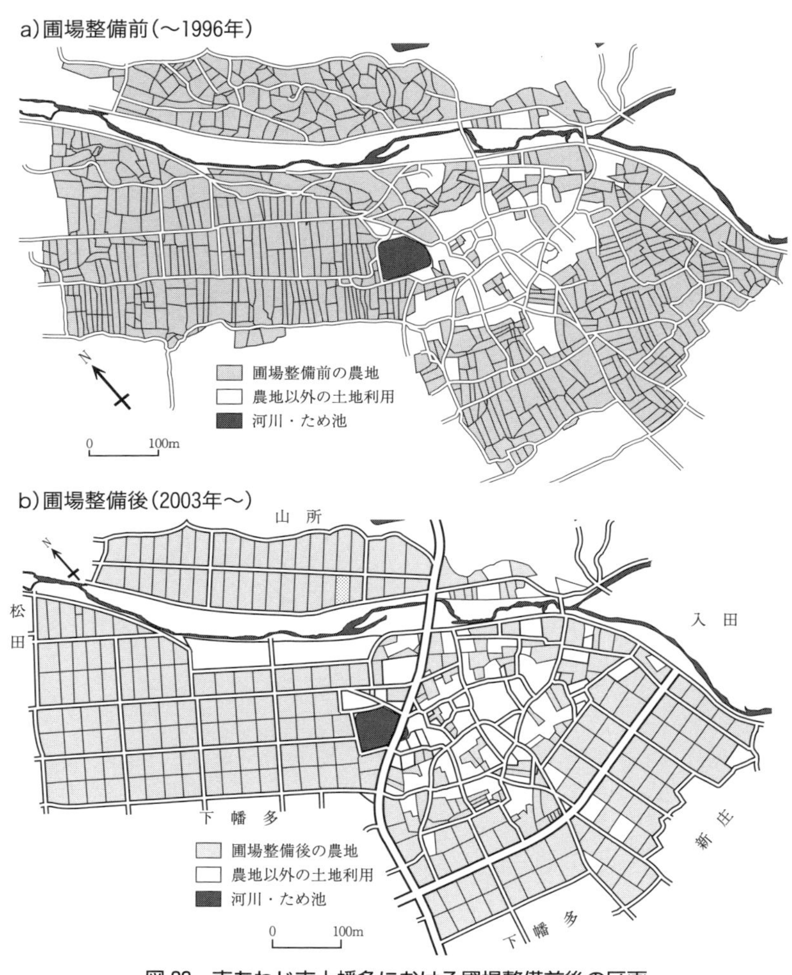

図 23　南あわじ市上幡多における圃場整備前後の区画

（南あわじ市役所提供資料より作成）

さらに1998年の明石海峡大橋の供用開始以降，農外就業機会が増加している。若年者を中心に労働力が農外へ流出する傾向にあり，農業従事者の高齢化が進行している。農業労働力が不足傾向にあるなかで，労働力に余力のある専業農家や第1種兼業農家が農地の受手となっている。しかし，三原平野では葉菜類を中心とした野菜作の機械化が困難であり，現在のような家族経営では規模拡大による生産費の削減が難しい。専業農家や第1種兼業農家にとっても，経済的側面からの規模拡大が望まれるものとなっていない。

研究対象地域である上幡多では圃場整備が完了し，他集落同様に経済活動としての農業の役割は低下しているとはいえ農地貸借が円滑に行われ，耕作放棄地はみられない（図23）。とくに，表作期の水稲作にかかわる作業は集落を単位として行われ，裏作期には各農家の個人経営によって農地利用が維持されており，研究対象地域として好適といえる。

2．農業経営と社会関係

1）農業経営形態と集落営農の展開

上幡多は隣接する下幡多集落（以下，下幡多）と合わせて，中世に八太村として成立した。近世に上幡多村と下幡多村に分離し，現在のような集落界となった。2009年現在の農地面積については水田が43.6ha，畑が3.0haとなっている（図24）。上幡多では，1996年から兵庫県による「経営体育成基盤事業」の補助を受けて圃場整備が行われ，2003年度に完了した。この圃場整備事業は上幡多に加え，隣接する農業集落の一部の農地も含まれていた。総工費は25億2,240万円で10aあたり31万円を要し，このうち総工費の7.5%分の補助を受けた。事業内容は区画整理と土層改良，農道の拡幅，暗渠用排水路の整備などであった。区画整理では農地が1区画20aに拡大され，畦畔がコンクリート化された。さらに三つあった水利組合が一元化され，農地を貸借するうえで障害となっていた農地に付帯する水利権の移転問題も解消された。その結果，地力などを除いて上幡多内で

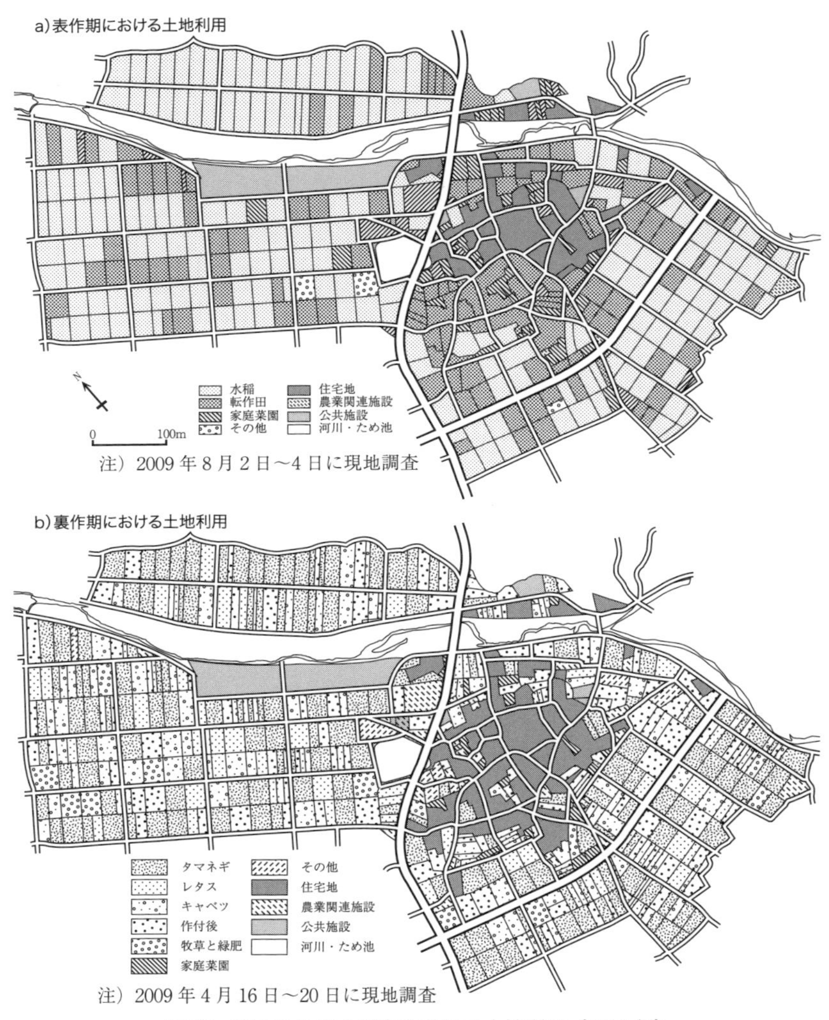

図24　南あわじ市上幡多における土地利用（2009年）

（現地調査により作成）

は耕作条件がすべて均等となっている。

2005年農林業センサスによると上幡多の総農家数は43で，このうち専業農家が8戸，第1種兼業農家が10戸，第2種兼業農家が25戸であった。その他に非農家が34戸あり，非農家のほとんどは離農世帯であった。さらに2009年の現地調査では，土地持ち非農家を含めた総世帯数が77で，このうち専業農家8戸，第1種兼業農家10戸，第2種兼業農家11戸に聞き取り調査を実施した。農地移動の受手のほとんどは専業農家と第1種兼業農家であり，聞き取りした29戸の農家によって，この集落の農地移動の性格が把握できるといえる。

農家の経営耕地面積は大きくても2.5haであるが，年3作のために，作付面積は5～6haとなっている（図25）。農業従事者の平均年齢は60歳を超えており，非農家のなかには近年になって離農した世帯も多くみられる。作付品目については，専業農家や第1種兼業農家では多様な品目が栽培され，とくにレタスの割合が高くなっている。第2種兼業農家や労働力の少ない第1種兼業農家は，米とタマネギのみの年2作といった作型を選択する傾向にある。上幡多では兼業農家の割合が高いために，裏作期の土地利用として機械化の進んだタマネギが卓越する（図26）。

こうした農業経営形態のなかで，農家の世帯収入の大半を専業農家は野菜作，兼業農家は農外就業から得ている。10aあたりの純売上額はタマネギで約40万円，レタス・キャベツ・ハクサイの葉菜類で約50万円となっており，野菜類から得られる収益が専業農家の収入の大半を占めている。表作の水稲作については，10aあたりの純売上額は約10万円と野菜に比べて低い。さらに米価の低迷に比して生産費は下がっておらず，水稲作から利益を上げることが難しい。また各農家の経営規模は小さく，個別農家での生産費の削減も難しくなっている。しかし，水稲作は農地に湛水することによって土壌洗浄の役割を果たすため野菜作にとって必要であり，中止することはできない。その結果，生産費の削減と将来的な農業従事者不足への対策として，水稲作を集団転作も含めて集落単位で行うようになってきている。

上幡多では，水稲作にかかわる作業の共同化に向けて，1998年度に農

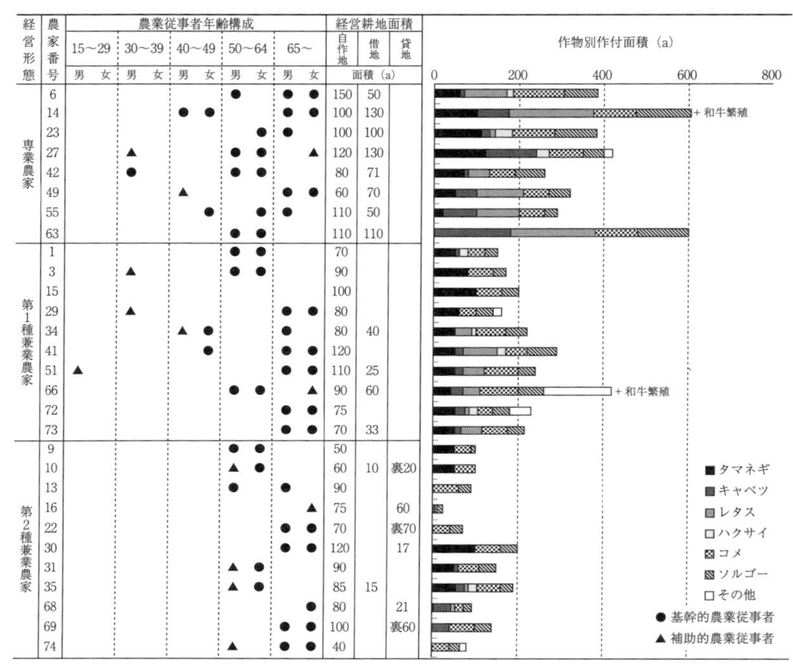

経営形態	農家番号	農業従事者年齢構成 15〜29 男	15〜29 女	30〜39 男	30〜39 女	40〜49 男	40〜49 女	50〜64 男	50〜64 女	65〜 男	65〜 女	経営耕地面積 自作地 面積（a）	借地	貸地
専業農家	6							●		●	●	150	50	
	14					●	●			●	●	100	130	
	23								●	●		100	100	
	27			▲				●	●		▲	120	130	
	42			●				●	●			80	71	
	49					▲				●	●	60	70	
	55						●		●	●		110	50	
	63							●	●			110	110	
第1種兼業農家	1							●	●			70		
	3			▲				●	●			90		
	15											100		
	29			▲						●	●	80		
	34					▲	●			●		80	40	
	41						●			●	●	120		
	51	▲								●	●	110	25	
	66							●	●		▲	90	60	
	72									●	●	75		
	73									●	●	70	33	
第2種兼業農家	9							●	●			50		
	10							▲	●			60	10	裏20
	13							●		●		90		
	16										▲	75		60
	22									●	●	70		裏70
	30									●	●	120		17
	31							▲	●			90		
	35							▲	●			85	15	
	68										●	80		21
	69									●	●	100		裏60
	74							▲		●	●	40		

注）農家番号は表7に対応し，「貸地」の「裏」は裏作時のみの貸付面積を表す

図 25　南あわじ市上幡多における農業経営形態（2009 年）

（聞き取りにより作成）

林水産省の「地域農業基盤確立農業構造改善事業」を利用し，「幡多地区播種センター」と「幡多堆肥センター」，「幡多地区総合営農指導拠点施設」が設置された。続いて集落営農組織の設立に向け，集落内の合意形成が図られた。2006 年 3 月に「地域農業再生プラン」が作成され，同年 6 月に 19 人の委員からなる「集落営農組合準備委員会」が組織された。その後同年 8 月に，集落内の全戸に対して集落営農組織についてのアンケートが実施され，意見を調整したのちに集落営農組織の設立に向けた準備がなされた。そして 2009 年 2 月に，集落営農組織「上幡多営農組合（以下，営農組合）」が組織された。

営農組合は組合委員長のもとに，総務委員会と農地・水・環境保全推進

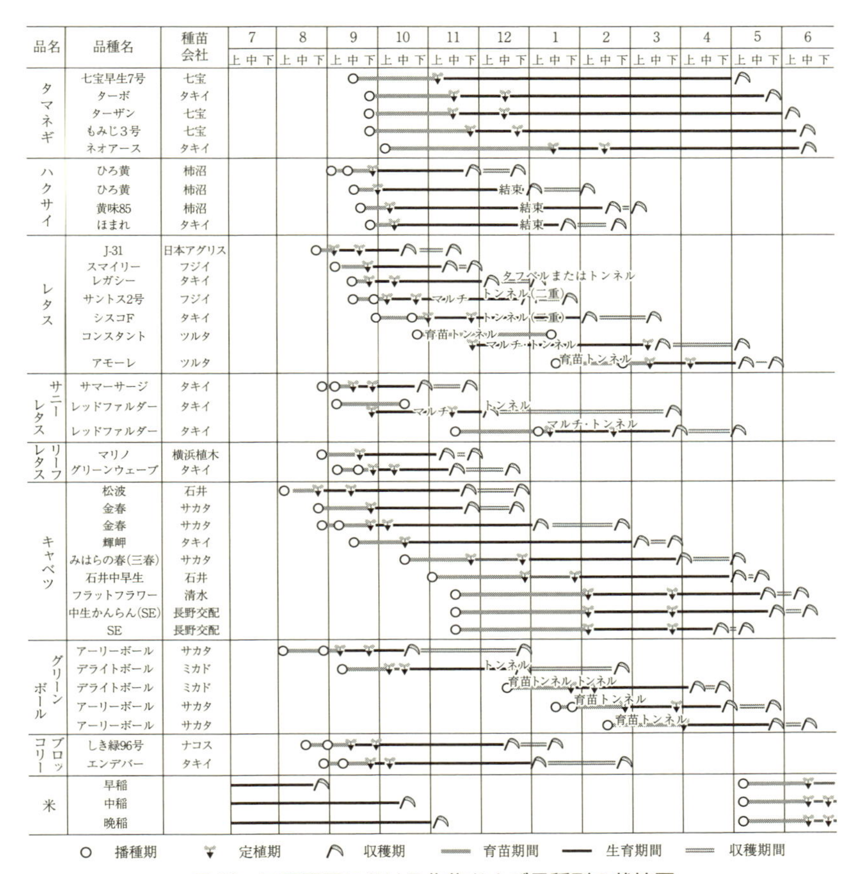

図 26　三原平野における作物および品種別の栽培暦

（農家提供資料および聞き取りにより作成）

表7　南あわじ市上幡多における社会集団の様相（2009年）

農家番号	隣保組織	講中	農家番号	隣保組織	講中
1	空1	B	40	南1	
2	空1		41	南1	
3	空1	A	42	南1	D
4	空1	A	43	南1	
5	空1	A	44	南1	
6	空1	A	45	南1	
7	空1	B	46	南1	
8	空1		47	南1	G
9	空1	A	48	南1	G
10	空1	A	49	南1	G
11	空1		50	南2	H
12	空1		51	南2	H
13	空1	A	52	南2	H
14	空2	D	53	南2	
15	空2	D	54	南2	H
16	空2	D	55	南2	F
17	空2	J	56	南2	F
18	空2		57	南2	F
19	空2	A	58	南2	C
20	空2		59	北1	
21	空2		60	北1	E
22	中1	D	61	北1	E
23	中1		62	北1	
24	中1	F	63	北1	F
25	中1	I	64	北1	G
26	中1		65	北1	
27	中1	D	66	北1	G
28	中1		67	北1	
29	中1	I	68	北1	E
30	中1	D	69	北1	E
31	中2	D	70	北1	E
32	中2	I	71	北2	E
33	中2	J	72	北2	C
34	中2	J	73	北2	C
35	中2	J	74	北2	I
36	中2	J	75	北2	
37	中2	J	76	北2	
38	中2		77	北2	
39	中2	J			

注1）土地持ち非農家も農家と表記し，上幡多に居住する全世帯を明示した
注2）講中C，D，F，Gは現在も講を実施し，その他の講中集団は冠婚葬祭のみの活動となっている
（聞き取りにより作成）

委員会の二つから構成される。このうち，水稲作作業に関するものは総務委員会の担当で，具体的な作業は共同利用機械運営部会と播種部会によって分担されている。2009年現在，水稲の播種をすべて播種センターが行っている。上幡多では田を所有する農家が77戸あり(2)，このうち約60%が育苗から田植作業までを営農組合に委託している。それ以外の農家は，個人や既存の機械共同利用グループで所有している田植機を使用している。営農組合では3台の田植機を所有し，農家49と55，63が作業オペレーターとなっている（表7）。収穫作業を委託する農家は2戸にとどまっている。しかし，将来的な農業機械の更新時期に備えて，営農組合は水稲作にかかる作業を全面的に請け負えるような体制を整えている。また，農業従事者の高齢化が進んでおり，さらなる労働力の減少が予測され，今後，営農組合の役割はより高まっていくと期待されている。

さらに，営農組合の経営を安定化させるために集団転作を実施している。転作作物はソルゴーで，緑肥として使用されている。2009年現在，ソルゴーの転作奨励金は10aあたり5,000円であるが，集団地化することにより10aあたり15,000円の助成が得られる。この集団転作を実施するため表作期の土地利用を集団的に管理しなければならず，集落外の農家への農地の貸付が制限されている。その結果，上幡多の農地を請け負うことは，集落内の農家にとってなかば義務となっている。

2）農地移動にかかわる社会関係

上幡多において，まず非農家も含めた全世帯のさまざまな地縁組織や親族関係，講組織，氏子集団，水利組合などの社会集団への所属状況を調べ，農地移動にかかわる社会関係を整理した（表8）。

まず地縁として，それぞれの集団の空間的広がりによって分類した。このうち近隣・隣保（A）が空間的広がりの最も小さい単位として存在する。隣保とは，上幡多集落（B）の下部に属する行政単位である。同様に近隣も当該世帯の宅地と境界が接するもので，隣保と同じような空間的広がりとなる。しかし，道路をはさんで向かい側の世帯は近隣世帯であるが，同じ隣保とならない場合もある。両者とも同じような空間的広がりをもち，

表8　南あわじ市上幡多における社会関係の分類

属性	関係の種類	備考
地縁	A 近隣・隣保	上幡多内
	B 上幡多集落	AFではないが同一集落
	C 榎列地区	大和大国魂神社,小学校も同一の単位
	D 旧三原町	中学校も同一の単位
	E 南あわじ市	JAあわじ島も同一の単位
結社縁	F 講中	上幡多内
	G 幡多土地改良区	上幡多と下幡多，山所一部が影響圏
	H 八幡神社	山所と上幡多が影響圏
	I 水利組合	山所と入田，上幡多内で錯綜
血縁	J 兄弟	
	K 本家－分家	
	L 姻戚	
	M その他親戚	
選択縁	N 肉牛関係	肉牛肥育委託を介した関係
	O 行商	
	P その他	

（聞き取りおよび農家提供資料により作成）

付き合いの頻度などその性質も大きな差異はないことから，二つの関係を合わせて近隣・隣保（A）とした。

次に，上幡多集落（B）より物理的に広い範囲におよぶ榎列（えなみ）地区（C）は，1889（明治22）年の町村制施行時の榎列村の範囲である。この榎列地区は上幡多や隣接する下幡多，山所集落，大榎列集落，小榎列集落，西川集落，松田集落，掃守（かもり）集落（以下，山所，大榎列，小榎列，西川，松田，掃守とする）の8集落から構成され，小学校区や農協の榎列支所，大和大国魂神社などを祭祀する単位ともなっている（図22）。そして榎列地区（C）より，もう1段階広い単位として旧三原町（D）があり，中学校区の単位ともなっている。そして現在は一つの市となり，旧三原郡の郡域と重なる南あわじ市（E）という単位が最も広い単位となっている。

同様にそれぞれの役割に応じた機能集団により形成される結社縁は，講の組織である講中（F）や幡多土地改良区（G），八幡神社を介した氏子集団（H），統合以前の水利組合（I）があり，集落を単位としたものとは別に隣接集落との結びつきを生む関係となっている。たとえば，隣接する入田集落（以下，入田）は榎列地区ではなく八木地区に属しているものの，統合以前には同一の水利組合（I）ともなっており，複数集落におよぶ結びつきを生み出している。同様に，これらの関係にはそれぞれ空間的範囲があり，講中は上幡多集落よりも狭い範囲で近隣・隣保（A）とは異なる単位の結びつきを生み出し，八幡神社の氏子集団（H）はもともと同一集落であった隣接する山所との結びつきを生み出している。血縁としては，兄弟（J）や本家―分家関係（K），婚姻を通じた姻戚関係（L），その他の親戚関係（M）が存在し，空間的広がりはさまざまである。この他に地縁や血縁，結社縁のいずれにも含まれない「選択縁」[(3)]と呼ばれるような入脱退が可能な経済取引に限定されるような関係をそれぞれの関係性から，肉牛の肥育を通じた関係（N），行商を通じた関係（O），その他（P）とした。

3. 農地移動プロセスの諸類型

2009年現在，上幡多において聞き取り調査を行った農家29戸のうち，農地の受手となった農家は14戸で，計25件の農地移動がみられた（表9）。この14戸によるそれぞれの農地移動には多様な社会関係がかかわっている。それぞれの農地移動にかかわる社会関係を，その組み合わせから検討した結果，14戸の農家は三つのタイプに類型化できる。一つ目は「集落内A型」で，上幡多集落内でさらに近隣・隣保（A）や講中（F）なども有し，さまざまな段階で重層的に結びつくムラ的な社会関係によって借地を行った農家である。二つ目は「集落内B型」で，集落内A型のようなムラ的な社会関係をもつ貸手からの借地に加えて同一集落（B）の単相のみで結びつく貸手からの借地も行った農家である。三つ目は「集落外型」で，ムラ的な社会関係をもつ貸手からの借地に加えて集落外におよぶ結社縁や血縁を通じて借地を行った農家である。これら三つの類型について，それぞれの農地移動プロセスの特徴を分析する。

表9　南あわじ市上幡多における農地移動と社会関係（2009年）

類型	受手	出手	社会関係
集落内A型	6	5	AF
		36	A
	14	22(裏のみ)	BF
		25	A
	27	転出農家	BL
	34	33	AF
	51	52	AF
集落内B型	23	集落内	B
		集落内	BM
	42	40	A
		44	A
		68	B
	49	30	B
		44(裏のみ)	A
	55	2(裏のみ)	B
		20	B
		22	B
	63	40	B
		70	A
		下幡多(裏のみ)	CGI
	73	16	B
集落外型	10	八木入田	DI
	35	榎列山所	CHI
	66	48	AF
		榎列掃守	CM

注1)「社会関係」は表8に対応
注2)「受手」と「出手」の番号は表7の農家番号に対応
注3) 受手10は裏作期に20a貸付
(聞き取りにより作成)

1）集落内Ａ型の特徴

上幡多において，集落内Ａ型に該当するのは専業農家の農家6，14，27と，第1種兼業農家の農家34，51の計5戸である。集落内Ａ型の1戸あたりの平均経営耕地面積は187.0aとなり，三つの類型を通じて最も経営規模が大きい。集落内Ａ型の農家による農地移動件数は1戸あたり1.4件で，1戸あたり平均75.0aを借地している。このうち専業農家である農家6は50a，農家14と27はともに130aの借地を行い，兼業農家である農家34は40a，農家51は25aの借地を行っている。一方，所有耕地面積は他の類型の農家や自作地のみの農家と大差ない。

世帯主の年齢については農家14が40歳代で，その他が60歳以上となっている。このうち農家6では後継者が就農している。農家27と34，51では世帯主の息子が休日のみ農業に従事している。作付品目について，労働力に余力がある農家6や14は，労力の要するレタスの割合を高くしている。一方，基幹的農業従事者が高齢者のみとなる農家27はレタスを作付しておらず，タマネギとキャベツの割合を高くしている。兼業農家である農家34と51は，息子世代が補助的に従事しており，専業農家に比べて規模は小さいものの，タマネギやキャベツ，レタス，ハクサイなどを幅広く作付している。

ほとんどの農作物は農協に出荷されているものの，農家27は農協外出荷の割合が高くなっている。その他の農協外出荷として農家6と34が下幡多の青果物卸売業者に，農家14が上幡多の青果物卸売業者に出荷している。また，ほとんどの農家は上幡多の農家が中心となって運営する直売所「幡多青空市（以下，青空市）」にも出荷している。

集落内Ａ型の農地移動は，手間替農業の時期からの貸借や2000年以降になって貸借されたものまで含まれている。この類型の農地移動はいずれも上幡多内で完結しており，さらに上幡多内で近隣・隣保（A，表8に対応）や講中（F），姻戚（L）を有する受手と出手の間で引き起こされている。農家14の農家22からの借地は貸手である農家22が2004年まで本家である農家30に貸し付けていたものである。しかし，農家30の世帯主は高齢により農業を継続することが難しくなった。そのため農地は農家22に返却されたが，農家22の世帯主も当時84歳と高齢であり，耕作することができず同一の講中（F）で40歳代の後継者のいる農家14に貸し付けるに至った。しかし，農家14では2世代が就農し，比較的労働力に余力はあるものの分散立地する90aもの農地を一括して引き受けることができなかった。そこで40歳代の後継者がおり，2世代が就農する農家55と分割して借地している。

農家6が借手となった貸借は，近隣・隣保（A）と講中（F）の社会関係を有する農家5，同様に近隣・隣保（A）を有する農家36との間で行われた。農家27が借手となった貸借では，貸手が淡路島外に転出するのを契機としていた。この転出農家は，現在の世帯主の伯母が嫁いだ先であり，転出に際して姻戚（L）にある農家27に農地を貸し付けた。兼業農家である農家34と51が借手となった貸借も，近隣・隣保（A）と講中（F）という，社会関係を有する貸手との間で行われた。

この類型の農家の農地移動は上幡多内で完結しており，専業農家であっても規模拡大を志向していない。専業農家は葉菜類の作付割合を高めることと，販路開拓によって収益性を上げている。この類型の農家は，上幡多内の近隣・隣保（A）やその他結社縁，血縁などを有する集落内でより近しい社会関係にある農家から借地している。さらに，この類型の農家は1戸の貸手から複数の専業農家で分割して借地しており，積極的に規模拡大を望んでいないといえる。

2） 集落内B型の特徴

集落内B型に該当するのは，専業農家の農家23，42，49，55，63と，第1種兼業農家である農家73の計6戸である。集落内B型の1戸あたりの平均経営耕地面積は160.7aとなり，集落内A型よりも少し小さい。集落内B型の農家による農地移動件数は1戸あたり2.3件で，1戸あたり平均72.3aを借地している。三つの類型を通じて件数は最も大きくなっているが，面積は集落内A型の方が大きい。また，兼業農家である農家73は1戸の貸手から33aの借地を行うのみである。所有耕地面積は，他の類型の農家や自作地のみの農家と大差ない。

世帯主の年齢は農家63を除いてすべて60歳以上である。このうち農家42と49，55では，後継者がすでに就農しているか将来的に就農を予定している。比較的，労働力に余力があることから作付品目は多岐にわたる。いずれの農家も米と転作作物のソルゴーと，レタス，キャベツなどの葉菜類を栽培し，農家63以外はタマネギも栽培している。農家23は農業従事者が60歳以上のみで経営耕地面積も大きいために，タマネギの割合を高くし，米とタマネギの年2作の作型に比重をおいている。一方，兼業農家である農家73は農業従事者が60歳以上のみであるものの経営耕地面積が小さく，レタスやキャベツの割合も高くなっている。農作物の出荷先についてはすべての作物で農協が多く，農家23がキャベツのみを下幡多にある青果物卸売業者に，農家55が米を大榎列の米屋に出荷するのみである。その他に農家42以外の農家は青空市にも出荷している。

集落内Ｂ型の農家は集落内Ａ型と同様に手間替農業の時期から現在まで借地を行ってきた。この類型の農地移動では，出手の居住地は他集落におよぶものが含まれるものの，いずれも上幡多地番の農地が対象となっている。この類型の農家は集落内Ａ型のような借地に加えて，同一集落（B）のみで結びつく貸手からも借地している。この類型に特徴的な隣保や講中，血縁などを有さないが，同一集落（B）のみで結びつく貸手からの借地はすべて2000年以降のもので計8件みられる。この農地貸借で貸手となった農家はいずれも労働力不足により離農，もしくは経営規模を縮小したものである。

この出手と受手が同一集落（B）のみで結びつく関係にある農地移動はすべて貸借によるもので，出手となったのは農家2と16，20，22，30，40，68である。その他に，世帯を特定できなかった上幡多の農家1戸がある。このうち農家20は農外で就業しており，すべての農地を農家55に貸し付けている。農家20以外の貸手は，小規模ながら水稲作など自給的農業を継続している。農家2は水稲作のみ自身で行い，裏作期に農家55へ貸し付けている。農家30は大部分を自身で耕作を行うが，その他の経営耕地から分散している1枚のみ農家49に貸し付けている。農家68も所有耕地の半分以上を自身で耕作するが，労働力不足が要因となって2009年より農家42に貸し付けている。農家22の農地は先述のように，農家14と農家55に分割して貸し付けられた。いずれの貸手も上幡多において近隣・隣保（A）やその他の結社縁，血縁にある集団内に専業農家はいるものの，そうした専業農家はすでに他の農家から借地を行っており，さらなる借地を行うだけの労働力を有していない。その結果，集団転作を実施するためには集落外の農家へ農地を貸し付けられないことから，貸手は集落内で農地を請け負うことが可能な専業農家を探索し，近隣・隣保（A）やその他の結社縁，血縁を有さない農家に貸し付けるに至っている。

また，集落内B型の農家は近隣・隣保（A）を有する貸手からも借地しているが，これ以上の借地の増加は難しくなっている。農家40や農家44が貸手となったもののように，借手が複数の専業農家にわたっている。貸手となる農家40の借手となったのは農家42と63である。この農地貸借では，農家40の世帯主の高齢化による農業の中止が契機となり，農家63が専業農家となった2003年より開始された。当初，農家40は農家63に全農地を貸し付ける予定であった。しかし，労働力の問題から農家63ですべて請け負うことができず，貸手と近隣・隣保（A）にある農家42と分割して請け負うこととなった。2009年現在，農家42では30歳代の後継者が就農しているが，この後継者が農業に専従するようになったのは2004年以降である。そのため農地貸借の行われた2003年に，貸手40が近隣・隣保（A）にある農家42に最初に貸付の依頼をせず，専業農家であった農家63に依頼した。

また，上幡多全体の傾向として農地の受手は不足しており，この類型による農地移動の受手が労働力の少ない第1種兼業農家となる事例もみられる。この事例として，農家73が農家16から借地したものが挙げられる。貸手である農家16は60歳代後半の女性1人で自給用野菜のみ栽培し，夏季は田に水を張るのみである。2008年までは米とタマネギの年2作で農業経営を継続してきたが，農業労働力が不足することから2009年より自給的農業に転換した。その結果，所有耕地の大部分を周辺農家に耕作してもらわなければならなくなった。このうち山所に立地する農地25aは，山所の親戚関係（M）を有する農家に貸し付けることができた。一方，上幡多において農家16の近隣・隣保（A）やその他結社縁，血縁にある専業農家はすでに複数の借地を行っており，これ以上の借地は難しくなっている。こうしたなかで，上幡多地番の農地30aを兼業農家で農業従事者も60歳代後半の男女である農家73に貸し付けるに至った。しかし農家73も労働力に余力はなく，これ以上の借地は難しくなっている。

以上のことから，集落内B型の同一集落（B）のみによる農地移動は，集落内の近隣・隣保（A）や講中（F），血縁などを有する農家群に，受手となる農家がいない出手が発生することによって展開してきた新しい形態といえる。とくに集落内A型よりも借地面積が少なかったことから，集落内B型は集落内A型に比べて借地を受け入れる余力があったことに起因すると考えられる。また，集落内A型と同様に複数の農家で分割しての借地もみられ，この類型の農家もさらなる規模拡大を望んでいないといえる。

3）集落外型の特徴

集落外型に該当するのは，第1種兼業農家の農家66と第2種兼業農家である農家10，35の計3戸である。集落外型の1戸あたりの平均経営耕地面積は106.7aである。集落外型の農家による農地移動件数は農家10と35でそれぞれ1件，農家66で2件となっており，1戸あたり平均28.3aを借地している。三つの類型を通じて経営耕地面積と件数，面積ともに最も小さくなっている。

世帯主の年齢は，農家10で60歳代，農家35と農家66で50歳代である。いずれも後継者が農業に従事することはない。農家35と66では世帯主が比較的若いことから，作付品目は米と転作作物のソルゴー，レタスやキャベツなどの葉菜類と多岐にわたっている。一方，農家10は自営業を営む第2種兼業農家で農業労働力も十分ではないことから，米・ソルゴーとタマネギの組み合わせによる年2作の作型となっている。農作物の出荷先については，すべての作物で農協が多く，農家66がタマネギのみ小榎列の青果物卸売業者に出荷するのみである。その他に農家35は青空市にも出荷している。

集落外型の農家は，3戸で計4件の借地を行っている。そのうち，農家

66のみは集落内Ａ型のような近隣・隣保（A）を有する貸手から借地を行っている。一方，その他の３件の農地移動は農地の出手も当該農地の立地も集落外におよんでいる。農家10の入田からの借地は面積も10aと小さく，圃場整備のなされていない不整形な田で機械を入れにくい。さらに農地に面した農道も未舗装で狭い。上幡多と入田は他地区であるものの隣接しており，この農地移動には水利組合を通じた関係（I）が存在する。借地自体は農家10の現世帯主の祖父の代以前より行われ，近世からの水利組合などを通じた関係に由来している。また，農家10は第２種兼業農家で農業従事者も64歳と高齢であり，裏作期には20aの農地を貸し付け，借地による収益性の向上を望んでいない。農家35や66の借地は，ともに2000年以降になされたもので，他集落であるもののそれぞれ八幡神社の氏子集団（H）やその他の親戚（M）といった関係を有している。この農地貸借で取引された農地として，農家35のものは傾斜地にあるもので１枚あたりの面積は15aと小さい。農地に面した農道は舗装されているが，畦線は曲線的で傾斜地に立地しており耕作条件は良くない。農家66のものは40aと比較的大きい面積であるが宅地から離れており，借地による収益性の向上は困難で，ともに農地のある集落で請け負ってもらえなかったものである。さらに，農家35と66の貸手との間には同じ榎列地区（C）や水利組合（I）といった関係も存在している。

以上のことから集落外型の農家は，集落外のものや狭小で不整形な区画で収益性の向上の難しい農地を請け負っている。こうした農地移動では，氏子集団（H）や血縁といった社会関係を維持することが契機になっているといえる。

4. 社会関係からみた農地移動プロセス

1）農地移動の仕組み

集落内Ａ型の農地移動は上幡多内で完結し，集落内で近隣・隣保（A）やその他の血縁や結社縁などの社会関係を有する農家間のもとに展開していた（図 27）。しかし，農地１枚あたりの面積が小さく，規模拡大による作業効率の向上は難しい。そのために専業農家と兼業農家ともに，農地貸借による規模拡大は望まれていなかった。専業農家であっても積極的に借地を行わず，１戸の貸手に対して複数の借手で分割して借地する事例もみられた。これらのことから集落内Ａ型の農家は上幡多内での近隣・隣保（A），講中（F），血縁などの集落内でより近しい貸手との社会関係を保つ必要性から，受動的に借地しているといえる。

集落内Ｂ型の農地移動は集落内Ａ型と同様に集落内で完結し，近隣・隣保（A）やその他の血縁を有する農家間に加え，近隣・隣保（A）を有さないながらも，同一集落（B）のみで結びつく農家との間でも展開していた（図 27）。兼業農家でも第１種兼業農家であり，いずれの農家でも世帯収入に果たす農業の経済的役割は高かった。しかし集落内Ａ型と同様に，積極的に規模拡大を志向していなかった。農協以外に多様な販路を有する農家もみられたが，能動的に農地を請け負っておらず，これ以上の借地は困難になっていた。上幡多では農業従事者が減少していることから，集落内Ａ型のような農地移動で捕捉しきれなかった上幡多内に立地する農地を，

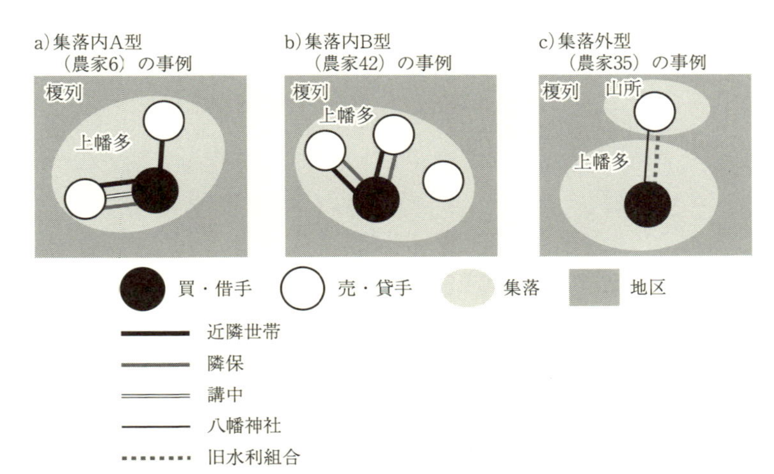

図 27　南あわじ市上幡多における農地移動にかかわるネットワークの広がり（2009 年）
（分析結果をもとに作成）

比較的労働力に余力のある専業農家が中心となって請け負っていた。農地移動が上幡多という集落の社会的機能を維持するなかで展開し，同一集落（B）という枠組みが重要な役割を果たしているといえる。

集落外型の農地移動は氏子集団（H）や水利組合（I），その他の親戚関係（L）といったようにさまざまな結びつきを有する農家間で引き起こされている。しかし先の２類型と異なり，その物理的空間範囲は集落外におよんでいる（図27）。三つの類型を通じて１件あたりの借地面積も小さく，件数も少なかった。いずれの農家も兼業農家であり，世帯収入に果たす農業の経済的役割は低かった。集落外型の農家が借地した農地は，いずれも専業農家が請け負いにくいような耕作条件の悪い農地であった。この類型の農家は世帯収入に占める農外の比重が高く，農業を継続する動機として非経済的な性格が強い。このことから，集落外型の農家は借地も経済的合理性を追求するなかで行っておらず，農地の立地する集落で請け負ってもらえなかった農地を借地していた。先の２類型と異なり，同一集落という枠組みを越えたものとなっているが，集落内Ａ型と同様に当該農家間の何らかの社会関係を維持することが，農地移動を展開させるうえで重要な動機となっている。

上幡多の非農家のほとんどは農地を所有し，その農地は専業農家や労働力に余力のある兼業農家へ貸し付けられていた。しかし農業従事者は減少傾向にあり，個別相対取引による農地利用の継続は難しくなってきている。将来的に，個別農家間による農地移動のみでは，集落内の全農地を耕作放棄することなく利用し続けることが不可能になると見通されている。

こうしたことから上幡多の農家は営農組合を組織し，水稲作にかかわる作業を共同化することや，圃場整備を実施することにより集団的な農地管理を可能とする基盤を整えていた。さらに集団転作の実施はより多くの転作奨励金を受けることを可能にし，集団的な農地管理を担う営農組合の安定化を図っていた。一方，集団転作を実施すると，土地利用の調整について合意形成を図りにくい集落外の農家へ農地を貸し付けることができない。その結果，集落単位もしく集落内の農家で農地を管理していくことが，暗黙のうちの合意事項になってきているといえる。とくに，営農組合には土地持ち非農家も含まれ，農地を維持するという行為が個別農家の経済活動という枠組みを越えて集落民すべてで担うべきものとなっていた。

2)　農地移動プロセスと農業経営の関係

次に南あわじ市上幡多の各類型に属する農家の農業経営をみると，全類型を平均して半数以上の農家で60歳未満の農業専従者がいる（表10）。上幡多において，全類型を通じた平均農地移動件数が1.8件であるのに対して，兼業農家は1.2件であり，請け負う面積も10～60aと専業農家に比べて小さかった。しかし，農地移動の受手となった14戸のうち6戸が兼業農家であり，兼業農家も農地の受手として重要な役割を果たしていた。また，各類型の平均借地面積をみると，農地移動が集落内で完結する集落内A型で75.0a，集落内B型で72.3aとなり，農地移動が集落外におよぶ集落外型で28.3aとなっている。借地面積の増大には，同一集落という物理的空間範囲が付帯される社会関係が重要な要素になっているといえる。受手農家は自作地と借地を区別することなく利用し，借地による経営規模の拡大は収益性の拡大に寄与するものであった。しかし，受手農家は年3作ないし年2作の作付体系とタマネギやレタス・キャベツ・ハクサイの葉菜類の40～50万円にのぼる10aあたりの純売上額の高さから，自作地での野菜作のみで十分な収入を得ることができる。さらに後継者が就農する場合でも，農業従事者は2世代にわたり，必ず高齢者が含まれることから，慢性的に農業労働力は不足傾向にあり，これ以上の借地による経営規模の

表10　南あわじ市上幡多における農地移動プロセスと農業経営の関係（2009年）

類型	総数	規模(a)			経営形態			60歳未満の農業専従者	平均借地面積(a)
		-100	101-200	201-	専	1兼	2兼		
集落内A型	5	-	2	3	3	2	0	2	75.0
集落内B型	6	-	5	1	5	1	0	4	72.3
集落外型	3	1	2	-	-	1	2	2	28.3

注1）平均借地面積以外の単位は戸
注2）「専」は専業農家，「1兼」は第1種兼業農家，「2兼」は第2種兼業農家
（聞き取りにより作成）

拡大は強く望まれるものではなかった。

一方，入脱退可能な経済取引に限定された関係による農地移動はみられなかった。いずれの農地移動においても同一集落より狭い範囲の地縁や集落外におよぶ結社縁，血縁が存在していた。上幡多における農地移動は収益性の向上を図るためではなく，専業農家と兼業農家ともに各農家の所属する社会集団内の社会関係の維持，もしくは集落の社会的機能の保持を動機として展開していた。個別農家の収益性の向上は土地生産性の高い葉菜類を中心とした作付体系を組むことによって達成されていた。さらに土地利用をみると，土地生産性の低い水稲に加え，裏作期においても葉菜類に比べて土地生産性の低いタマネギの作付割合が高かった。水稲や土地生産性が低くとも省力化による生産が可能な作物の生産は，労働力の不足する農家でも農地の受手となることを可能にしていた。労働力の不足する農家が農地の受手となるためには，収益性は低くとも作業の省力化が可能な作物の存在が重要となっていた。これは，第２種兼業農家が米とタマネギの年２作の作型による自作を継続するうえでも重要な役割を果たしていた。

また上幡多では専業農家と兼業農家，土地持ち非農家が混在し，世帯ごとに農地の果たす経済的役割が異なっていた。とくに世帯収入を農業に依存する専業農家でも経済的動機によって農地を請け負っていなかった。さらに農業の果たす経済的役割が低い兼業農家ほど，農地移動は近しい社会関係のもとに展開する一方で，少ない面積ながら農地移動の物理的空間範囲は広域におよんでいた。こうした場合には結社縁や血縁が基礎となり，耕作条件の悪い農地を，収益性を度外視して請け負わざるをえなくなっていた。

専業農家は集落内の農地を大きく請け負っていた。まず，集落内で近隣・隣保やその他結社縁，血縁などを有し，さまざまな結びつきを有する農家から農地を請け負っていた。そして，このような関係にある集団内に農地の受手を確保できない出手が発生することによって，同一集落で結びつく農家間で農地移動が引き起こされていた。とくに専業農家がこのような農地移動で受手となっていた。集落内の農地の耕作条件が整っており，農地の受手が不足していることから，近隣・隣保や講中，血縁などの特別な社会関係を有していなくとも，集落内の農地を請け負うことが専業農家のなかば義務となり，同一集落という社会関係のみを基礎として農地利用が維持されていた。

このような形態による農地移動はいずれも2000年以降に展開してきており，新しい農地移動の形態といえる。また，この形態の農地移動によって維持される農地の面積は大きかった。経営耕地の半分以上を，この形態による農地移動で確保している農家もいた。しかし，三原平野の農業的特徴からこれ以上の規模拡大は難しい。この農地移動での受手はほとんど専業農家であったが，集落外に農地を求めることはなかった。従来，集落内の近隣や講中などのより近しい社会関係が農地移動の基礎的単位となっていたものの，農業従事者は減少傾向にあるなかで，集落という社会集団が農業集落という物理的空間の農地利用を維持していくための最終的な受け皿となっていた。

注

(1)　南あわじ市役所での聞き取りによると，南あわじ市に農地貸借権の設定の届け出があったもののみで，ヤミ小作の状況は不明であるが，おおよそ同様の傾向がみられる。

(2)　土地持ち非農家も農家と称した。

(3)　第Ⅱ章と異なり，農家もしくはその他主体の意志で選択可能なことから第Ⅴ・Ⅵ章では「選択縁」と表記する。

第VI章　淡路島三原平野における集約的農業とネットワーク

1．本章の課題

第Ｖ章と同様に淡路島三原平野を事例に取り上げ，各農家の農業生産，とくに農業機械の共有と堆肥の調達，出荷・販売形態が，主体間のいかなる関係性のもとに展開しているのかを分析することから，それぞれのネットワークの広がりや性質の差異が農業生産にいかに関連しているのかを考察する。

手順としては，まず三原平野の農業的特徴について概観し，対象地域に居住する農家への聞き取り調査および農家提供資料から得た農業経営形態や社会集団の実態に関するデータをもとに，農家がどのような関係性のもとに農業機械の共有，堆肥調達および出荷・販売を行っているのかを分析する。この分析結果をもとに，それぞれのネットワークが農家間のいかなる関係性によって形成され，各農家の農業経営にいかなる役割を果たしているのかを考察する。現地調査の実施は第Ｖ章と同様である。

研究対象地域には第Ｖ章と同じく兵庫県南あわじ市上幡多を選定した(図22)。三原平野における三毛作による作付体系は高度経済成長期以降に発展した。三原平野では近世より表作に米，裏作に大麦という二毛作が行われていた。明治中期にタマネギ栽培が導入され，大正期には大麦に取って替わり広く普及した（宮本 1945）。畜産については，明治期より役肉牛の飼養がほとんどの農家で行われ，大正期に酪農が発展した。さらに，畜産によって生ずる堆肥はタマネギ栽培に向けた地力増進に用いられた。第2次世界大戦前までに三原平野では米とタマネギ，酪農による有畜複合経営が確立した（加古 1983）。

こうした作付体系は1950年代末まで行われ，1960年代前半より，さらにハクサイとレタス，キャベツなどが加わり，「三原営農方式」と呼ばれる有畜水田三毛作による高度土地利用方式が確立した（古東 1997）。この作付体系は，雇用労働のように毎月安定的に所得の得られることを目的としていた。他方，畜産においては1970年代中頃まで乳牛の飼養頭数は増加し続け，ほとんどの農家で1～10頭の乳牛を飼養していた。その結果，1970年代末まで堆肥を自給し，それを自身の経営耕地に撒くという循環体系が保持され，個人経営による有畜水田三毛作の形態が維持された。

1980年代以降，これまでの個人経営による有畜水田三毛作による作付体系が崩れ始め，農地利用の形態も変化してきた。乳価の低迷や飼料費の高騰などにより生産費の削減が迫られ，酪農家の多頭飼育化が進行した（柏 1983）。酪農の合理化が進むなかで，有畜複合経営を行っていた三原平野の農家の多くが酪農を中止し，一部は肉用牛繁殖に転換した。酪農を継続した農家は野菜作を中止して，多頭飼育による大規模化を図った。しかし，耕種農業を中止したため，家畜の糞尿を自作地のみでは処理しきれなくなり，周辺の耕種農家へ提供するようになった。耕種農業と畜産が分化し，堆肥流通などが集落単位で行われるようになり，集落もしくはその他の社会集団を単位とした有畜水田三毛作が展開するようになった（古東 1997）。また，通勤兼業が増加した淡路島北部に比べて三原平野は農外労働市場が狭小で，十分な農業労働力を確保できたことも三毛作農業を可能にした条件となっていた（大原 1983）。

そして現在においても周年的に集約的農業が展開し，耕作放棄地は少ない。主産品であるタマネギやキャベツ，レタス，ハクサイは秋から春にか

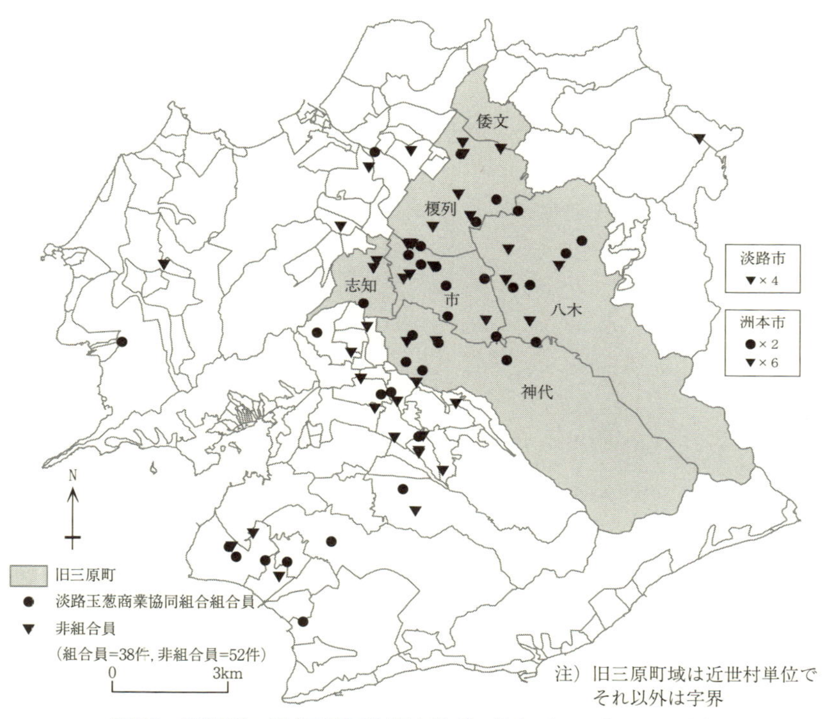

図 28　淡路島における青果物卸売業者の分布（2009 年 4 月現在）

（南あわじ市役所提供資料より作成）

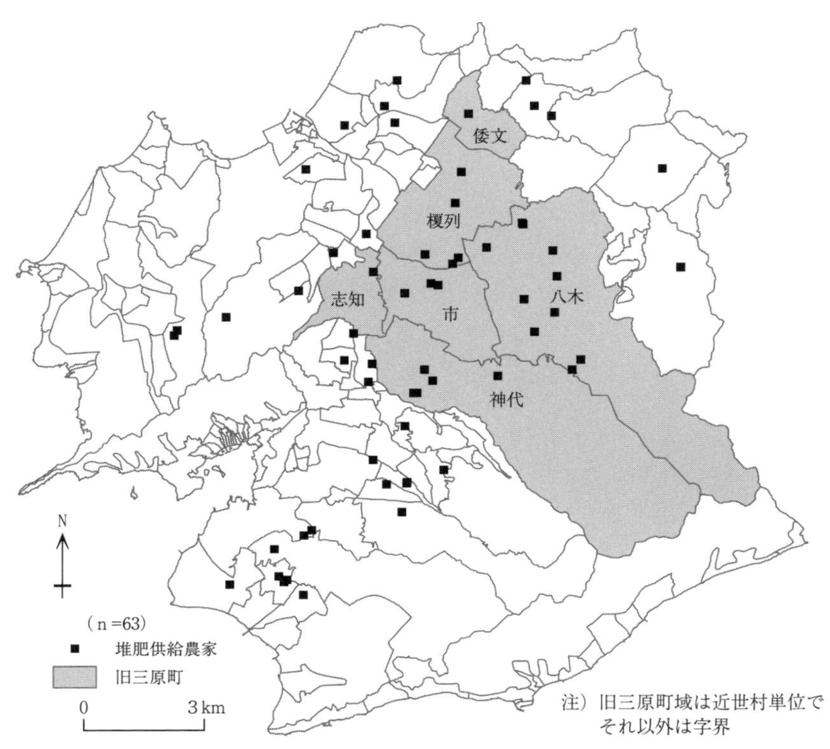

図 29　南あわじ市における「良質堆肥」供給農家の分布（2009 年度）

（南あわじ市役所提供資料より作成）

けて市場で一定の地位を保っている。出荷については，市内に青果物卸売業者（以下，青果物業者）が80社あり，農協外出荷の割合も高くなっている（図28）。畜産農業については，耕種農業と畜産の分化がさらに進み，一部の大規模模酪農農家や肉用牛繁殖農家によって行われている。堆肥供給については，南あわじ市とあわじ島農協（以下，農協）による「健全な土づくり推進事業補助金」という事業のなかで，指定された市内63戸の「良質堆肥供給農家」から堆肥を調達すると，耕種農家は1tあたり市から120円，農協から400円の助成を受けられるようになっている（図29）。集落内に堆肥農家がいない場合は，何らかの社会関係を有する他集落の堆肥供給農家から堆肥を調達するようになっている[1]。上幡多における農業経営形態および社会集団の特徴は第Ⅴ章で示した通りである（表8，図25）。

2. 農業生産をめぐるネットワークの広がり

各農家の農業経営は独立しているが，生産活動を展開するうえで個別農家内のみで完結していない。複数の農家間での共同作業や異なる農家間での取引が必須となっている。本章では，とくに農業生産をめぐる農業機械の共有，堆肥調達，出荷を取り上げ，それらを担う農家間もしくは農家―青果物業者の間に存在する社会関係について分析し，それらの主体群をつなぐネットワークについて検討する。

1）機械共有をめぐるネットワーク

農業機械を複数農家で共有することは生産費を抑制するために重要な役割を有しており，農業機械は全体的に個人所有から共有へと移行しつつある。上幡多において農業機械の共有は水稲作の移植機（以下，田植機）とコンバイン，タマネギ栽培の移植機と収穫機でみられる。その他にトラクターや乾燥機，「農民車」と呼ばれる小型の運搬機など，その他の機械については，個別農家が所有するか，個別に農協や青果物業者から借りている。

まず田植機については，上幡多で33台の所有が確認される。自給的農業を営む土地持ち非農家を含めて約40%の農家が，個人で田植機を所有している。その他の農家は農家32と40，41のように共有するか，集落営農組織「上幡多営農組合（以下，営農組合）」に定植作業を委託している（図30）。上幡多では，専業農家や第1種兼業農家は野菜生産から世帯収入の大半を得ているが，水稲作を継続しなければ野菜作は継続できない。上幡多を含む榎列地区の10aあたりの平均的な純売上額はタマネギで約40万円，レタス・キャベツ・ハクサイの葉菜類で約50万円であることに比べて，米では約10万円と低い[(2)]。さらに上幡多では水稲作の規模拡大が難しいため，集落として水稲作の集団化による生産費のコストダウンが求められた。そのなかで集団転作と定植作業の受託を含めた作業の共同化が，営農組合を中心として進められてきた。転作作物にはソルゴーが栽培され，緑肥として使用されている。2009年現在，ソルゴーの転作奨励金は10aあたり5,000円であるが，集団化することにより10aあたり15,000円の助成が得られている。

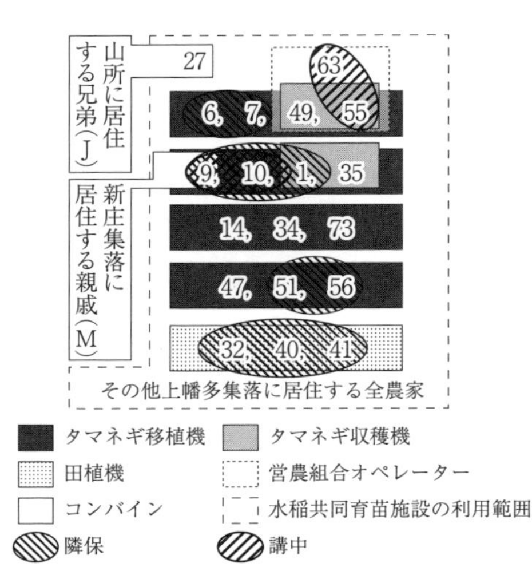

図30　南あわじ市上幡多における農業機械種別の農業機械共同利用グループと社会関係

（聞き取りにより作成）

水稲作の共同化については，稲の播種と定植作業，収穫作業が営農組合で受託されている。上幡多の約60％の農家が，稲の播種と定植作業を営農組合に委託し，農家49と55，63が作業オペレーターとなっている。農家32と40，41の共有について，これらの農家間には近隣・隣保（A）の社会関係が存在する。農家32は農家40および41と異なる隣保となるものの，居住地は道路をはさんで隣接しており近隣関係にある。その他の血縁や結社縁などは存在していない。田植機共有の農家群は集落という社会集団および，その下部に存在する近隣・隣保（A）といった比較的狭域な地縁をもとに結びついている。

収穫作業について，営農組合に委託する農家は2戸あり，集落外の農家に委託する農家も2戸みられる。営農組合に委託する農家は農業従事者が高齢となり農業機械の更新を契機に営農組合へ収穫を委託するようになった(3)。聞き取り調査を実施した農家で，集落外に委託する農家は農家1と63，72である。これらの農家は，ともにコンバインの更新を機に集落外の農家に委託するようになった。このうち農家1と63は，農協のコントラクター事業を通じて旧南淡町の農家に収穫作業を委託している。この委託作業は農協による仲介を契機としている。農家72については，世帯主はもともと公務員と第1種兼業農家であり，農業労働力は相対的に不足していた。そして圃場整備が完了した時期に農業従事者も高齢となっていたことから，旧緑町の農家に収穫作業を委託するようになった。この他に聞き取り調査を実施できなかった第2種兼業農家においても，農業従事者の高齢化は進んでおり，収穫作業を委託している農家がいると推察される。この他に農家27は八幡神社（H）や水利組合（I）を通じた関係にある山所に居住し，世帯主の兄弟（J）である農家と，農家9は八木地区新庄集落（D）に居住しその他親戚（M）である農家とコンバインを共有している。

タマネギの移植機については，四つの機械共有グループが存在する。農家6と7，49，55のグループはすべて専業農家で構成され，その他のグループでは第1種兼業農家と第2種兼業農家が混在している。四つのグループのうち三つでは，構成農家の一部で隣保（A）や講中（F）といった結びつきが存在している。また農家6と7，49，55のグループのうち農家49と55が，農家1と9，10，35のグループのうち農家1と35がタマネギの収穫機を共有している。これらの機械共有グループが成立する経緯の具体的事例として，農家6と7，49，55のグループは，グループ成立当初，それぞれの農業経営を展開するなかでタマネギの移植時期が重ならなかった農家7，49，55，63で構成されていた。その後，農家63は2008年にタマネギ生産を中止したことを契機に脱退し，農家7と隣保（A）にあった農家6が参加した。この時，農家49，55は農家6と同一集落（B）であるものの，集落内でとくに懇意にしている間柄ではなかった。農家6がこのグループに加わった理由としては，移植時期が重ならなかったということであった。この他のグループにおいても，それぞれの農家間は同一集落（B）という関係のみで結びつく場合もあり，それぞれのグループ成立の経緯に，隣保（A）や講中（F）が含まれる場合もあるが必須条件ではなく，移植時期の調整を円滑に進められることが求められている。これはタマネギの収穫機においても同様である。

これらのことから機械共有をめぐるネットワークにおいて，水稲作に関する機械共有ネットワークの位相では，上幡多において農業経営における水稲作の収益性の低さから，集落などの社会集団が準拠枠となってネットワークを構成するノードが多くなる傾向にある。一方，タマネギ生産に関する機械共有ネットワークの位相では，ノードが水稲作に比べて少なくなり，ノード間のパスも近隣・隣保（A）や講中（F）が含まれている場合もあるが，基本的には移植時期の調整といった農業経営の側面が条件となって形成されるといえる。

2）堆肥調達をめぐるネットワーク

堆肥の調達について，かつては各農家が有畜複合経営で堆肥を自家で賄っていたが，耕種農業と畜産が分化していくなかでその仕組みも変化してきた。とくに上幡多では，無畜野菜作農家の数に比して畜産農家は農家14と57，66の3戸のみであり，集落外の農家から堆肥を調達しなければならない。農家73のように集落内の農家から堆肥を調達する農家はあるものの，集落内で完結しておらず，いずれの農家も集落外の農家から堆肥

表11　南あわじ市上幡多における堆肥調達と出荷をめぐる社会関係（2009年）

経営形態	農家番号	堆肥調達		出荷先の社会関係		
		調達先	社会関係	タマネギ	米	その他
専業農家	6	幡多堆肥生産組合	CG	農協とCG	農協	農協と青空市
	14	肉牛肥育農家	EN	農協とB	農協	農協と青空市
	23	不明	−	農協	農協	農協とCG
	27	幡多堆肥生産組合	CG	農協とO,P	EとC,D,O	農協とO,青空市
	42	不明	−	農協	農協	農協
	49	幡多堆肥生産組合	CG	農協	農協	農協と青空市
	55	入田農家Ⅰ	DI	農協	C	農協と青空市
	63	入田農家Ⅱ	DI	農協	農協	農協と青空市
第1種兼業農家	1	入田農家Ⅰ	DI	農協	農協	農協
	3	入田農家Ⅰ	DI	農協	農協	農協
	15	入田農家Ⅰ	DI	※	農協	青空市
	29	なし	−	農協	農協	なし
	34	入田農家Ⅰ	DI	農協とCG	農協	農協とCG,青空市
	41	幡多堆肥生産組合	CG	農協	農協	農協
	51	入田農家Ⅰと幡多堆肥生産組合	CGとDI	農協	農協とD	農協と青空市
	66	肉牛肥育農家	EN	C	農協	農協
	72	入田農家Ⅰ	DI	農協	農協	農協
	73	入田農家Ⅰと農家57	DIとB	農協	農協	農協と青空市
第2種兼業農家	9	入田農家Ⅰ	DI	農協とDP,B	C	なし
	10	不明	−	農協	農協	なし
	13	入田農家Ⅰ	かつてDI	なし	農協	なし
	16	幡多堆肥生産組合	CG	なし	農協	なし
	22	入田農家Ⅱと幡多堆肥生産組合	CGとDI	農協と青空市	農協	青空市
	30	不明	−	不明	不明	青空市
	31	寺内堆肥生産組合	D	C	農協	農協
	35	不明	−	農協	農協	農協と青空市
	68	不明	−	農協	農協	農協と青空市
	69	幡多堆肥生産組合	CG	なし	農協	青空市
	74	不明	−	以前B	なし	青空市

注1）農家番号は表7，社会関係は表8に対応する
注2）「※」は青果物卸業者であるが企業名が不明のものを表す
注3）農協と青空市以外の出荷先については，個人情報保護の観点から出荷先との社会関係のみの表記とした
（聞き取りにより作成）

を調達している（表11)。

堆肥を供給する農家は下幡多の幡多堆肥生産組合と，入田の農家ⅠとⅡの２戸，八木地区寺内集落の寺内堆肥生産組合，旧緑町の肉牛肥育を専門とする農家である。このうち肉牛肥育以外の堆肥供給農家は「良質堆肥供給農家」に指定されている。幡多堆肥生産組合のみから調達する農家は6と16，27，41，49，69の６戸，入田農家Ⅰのみからは農家1と3，9，13，15，34，55，72の８戸，肉牛肥育農家のみからは農家14と66の２戸，入田農家Ⅱのみからは農家63の１戸，寺内堆肥生産組合のみからは農家31の１戸，幡多堆肥生産組合と入田農家ⅠもしくはⅡからの２戸からは農家22，51の２戸となっている。農家73のみは入田農家Ⅰと上幡多で酪農を営む農家57から調達している。農家57と肉牛肥育農家以外の農家から堆肥を調達する場合には，南あわじ市と農協から助成を受けて購入する形態となっている。

いずれの堆肥の取引においても，需給農家間の結びつきに血縁は存在せず，さまざまな地縁や結社縁，その他の社会関係が重なるムラ的な社会関係に依拠している。幡多堆肥生産組合から調達する農家は，いずれの場合も榎列地区（C）と幡多土地改良区（G）を，入田農家Ⅰ・Ⅱから調達する農家は旧三原町（D）と水利組合（I）を，肉牛肥育農家から調達する農家は南あわじ市（E）と肉牛関係（N）を有している。他方，寺内堆肥生産組合から調達する農家31は，供給先との結びつきが旧三原町（D）のみとなっている。

これらのことから，ほとんどの農家は年中行事などさまざまな段階で社会的に結びつきの強い隣接集落から堆肥を調達しており，堆肥調達をめぐるネットワークは集落外におよぶものの物理的空間は狭域なものとなっている。農家57から調達する農家が農家73のみに限定されるのは，詳細な飼養頭数は不明であるが，農家57の農業経営は小規模に展開しており，堆肥の供給量自体も少ないためである。他方，農家14と66のように比較的遠方の肉牛肥育農家から堆肥を調達する場合，この２戸が繁殖させた牛は，この肉牛肥育農家で肥育されている。この関係をもとに，堆肥が肉牛肥育農家から農家14と66に無償提供されている。上幡多において，ほとんどの農家で堆肥の調達をめぐるネットワークは集落外におよんでいるが無作為に広がるのではなく，ノード間のパスはムラ的な社会関係を基礎としている。

3）出荷・販売をめぐるネットワーク

農産物の出荷・販売形態は，農協と青果物業者，行商，「幡多の青空市組合」（以下，青空市）の四つとなり，各農家は作物によって異なる出荷・販売形態をとっている場合がある（表11）。全体として農協へ出荷する割合が高くなっている。とくに米については4戸が農協外に出荷・販売する以外，ほとんどの農家は全量を農協に出荷している。

タマネギの流通においては，三原平野が産地として確立していく昭和戦前期より青果物業者と農協（当時は農会）が長らく併存し，とくに産地の形成期には青果物業者が重要な役割を果たした（坂本・高山編 1983）。坂本・高山によると，かつては高値の時には青果物業者に，安値の時には農協に出荷するという形態が一般的であったとされている。しかし現在においては，市場動向に応じて出荷・販売先を変更することはなく，出荷・販売先は固定化され，複数の出荷・販売先を有する場合にも，それぞれの出荷・販売量の割合は大きく変動しないものとなっている[4]。農家15と農家66，31を除くすべての農家が農協へ出荷している。青果物業者にも出荷する場合においては，ほとんどの農家は上幡多集落（B）もしくは，榎列地区（C）・幡多土地改良区（G）の関係にある業者へ出荷し，物理的空間が狭域であることに加え，社会的に近い関係にある青果物業者と取引している。これは榎列地区外ではあるが旧三原町内（D）・その他（P）の関係にある青果物業者に出荷する農家9においてもいえる。このその他（P）は農家9の世帯主の孫が旧三原町内（D）の青果物業者に勤めていることを契機としている。農家27のみすべての作物の出荷先が多岐にわたるのは，農家27では農業生産と行商の双方を長く行ってきた経緯から，独自の物理的空間が広域にわたる販路を有しているためである。一方で，上幡多内に青果物業者は2社操業しており，なかには血縁を有する農家もあるものの，社会生活上の付き合いから出荷もするということはない。農家14や農家

9，タマネギ生産をしていた当時の農家74は，いずれも上幡多集落（B）内の青果物業者へ出荷していたが，血縁や結社縁などは有しておらず，同一集落という関係のみとなっている。

葉菜類を中心としたその他の出荷・販売先についても農協への割合が高くなっている。これは，葉菜類の生産普及においては，農協が主導的な役割を担っていることが影響していると考えられる。農協が各地区で開催する営農指導会では，市場動向や天候，それに合わせた品種や肥料，農薬の選択など，野菜作全般についての指導がなされるが，説明される順番はレタス，キャベツ，ハクサイ，タマネギとなっていた。このことからも農協の各作物に対する姿勢が読み取れ，農協にとって葉菜類が重要な役割を担っているといえる。また，三原平野において葉菜類も扱う青果物業者が限定的であることも影響している。これらのことから，農協は各農家が出荷先として農協を選択するように努め，その結果が表れているといえる。他方，青果物業者に出荷する場合には，タマネギ同様に榎列地区（C）・幡多土地改良区（G）の関係にある業者が選択されることが多く，農家27は例外的存在といえる。

この他に16戸が青空市にて自身の農産物を販売している。青空市は上幡多と山所，下幡多の農家33戸により運営される農産物直売所で，毎週日曜日のみ営業され，年間売上は約1,000万円となっている[5]。青空市にて販売する農家は売上の10%を手数料として支払っている。主な客は，榎列地区に居住する非農家世帯である。経営の中心は第2種兼業農家である農家22と74となっている。農家22と74の世帯主はともに65歳以上と高齢であり，世帯収入に占める農業の割合は低い。また各農家の青空市から得られる収入は各農家の農業収入のなかでも高いものではなく，青空市の経済的役割は低い。

これらのことから，出荷・販売をめぐるネットワークは上幡多や榎列地区といった物理的空間に収まるが，血縁などの社会関係は影響していない。榎列地区より広域におよぶ場合は，行商などを通じた社会関係や，孫の勤務先など何らかの入脱退可能な社会関係がパスとなってネットワークは形成されているといえる。

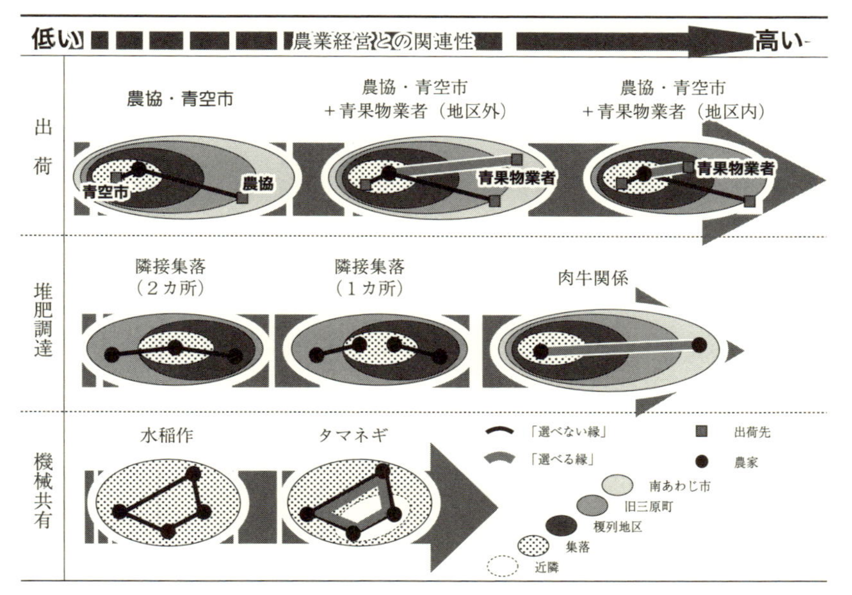

図 31　南あわじ市上幡多における農業生産をめぐる複相的ネットワークの広がり（2009 年）

（分析結果をもとに筆者作成）

3. ネットワークと農業経営の関係

前節までの分析から，上幡多における農業機械の共有と堆肥の調達，出荷・販売形態をめぐるネットワークの広がりや性質の差異が，それぞれの位相を通じてノードとなる各農家の農業経営にいかに関連しているのかを考察する。

農業機械の共有をめぐる位相では，水稲作に関する機械共有ネットワークとタマネギ生産に関する機械共有ネットワークでは異なる様子を呈していた（図 31）。水稲作に関する機械共有ネットワークにおいて，営農組合を通じて水稲作の共同化が進められている段階にあり，共同化の単位となる集落という社会集団がネットワークの準拠枠となっている。集落という社会集団が準拠枠となるため，さまざまな経営方針の農家が混在しており，ネットワークが集落外におよぶ場合も各農家の規模拡大などとの関連性はみられなかった。タマネギ生産に関する機械共有ネットワークでは，ノード間のパスには同一集落よりも物理的に狭域な近隣・隣保（A）や講中（F）といった社会関係もみられるものの移植時期の調整といったことが条件となっていた。他方，特定のネットワークで経営耕地面積が大きくなるなどの傾向はみられず，機械共有をめぐるネットワークが農業経営の拡大などに影響しないといえる。

堆肥の調達をめぐるネットワークは，ほとんどの農家で集落外におよぶものとなっているが，パスの性質に応じてノードとなる農家の経営耕地面積に差異がみられた（表12）。まず，南あわじ市（E）・肉牛関係（N）をパスとして堆肥を調達する農家では，平均作付面積が512.5aとなり最も大きい。これは耕種農業と肉牛繁殖との複合経営であることから，いずれかに特化した農家よりも広い面積が必要になるためと考えられる。また，「良質堆肥供給農家」から堆肥を調達すると購入しなければならないが，肉牛肥育農家から調達する場合は無償で提供されている。調達費用の側面から，堆肥調達においては物理的距離が最も離れるものの，入脱退可能なその他の社会関係を基礎にして，選定されているといえる。

次に，「良質堆肥供給農家」に指定される堆肥供給農家群から堆肥を調達する場合，榎列地区外だが旧三原町内（D）である農家から，もしくは

表12　南あわじ市上幡多におけるネットワークと農業経営の関係（2009年）

堆肥調達先	農家（戸）	平均作付面積（a）	
DI	9	227.8	215.3
CG	6	263.0	
DIとCG	2	155.0	
EN	2	512.5	
D	2	182.5	
不明	8	183.3	
計	28	234.2	

出荷先		農家（戸）		平均作付面積（a）	
農協外含む	榎列地区内	7	11※	350.4	310.3※
	榎列地区外	3		253.3	
農協と青空市のみ		17		194.2	
全体計		28		234.3	

注）「※」は青果物業者であるが企業の立地が不明であるものを含むため「内」と「外」の合計値は一致しない
（聞き取りにより作成）

入田農家Ⅰ・Ⅱ（D）（I）と幡多堆肥生産組合（C）（G）の双方から堆肥を調達する農家群では平均作付面積が182.5a，155.0aとなり上幡多内の平均的規模よりも小さい。これらの農家群はいずれも第2種兼業農家であるか，第1種兼業農家であっても世帯主は高齢であるなど世帯収入に占める農業所得への依存度は低い。他方，入田農家Ⅰ・Ⅱ（D）（I）か，幡多堆肥生産組合（C）（G）のいずれかのみから堆肥を調達する農家群では平均作付面積が227.8a，263.0aとなる。それ以外の農家群と比較して大きくなり，ほとんどの農家は専業農家か第1種兼業農家であり，世帯収入に占める農業所得への依存度は高い。これらのことから，堆肥の調達をめぐるネットワークではノード間のパスは集落外におよぶものの，ムラ的な社会関係をもとにしており，小規模経営農家ほど社会生活上の結びつきから複数の堆肥供給農家と取引するに至っていると考えられる。それ以外の農家では，単一の堆肥供給農家から調達する方が取引などの手続きは簡素化され，農業経営を展開するうえで経済合理的な手段が選択されているといえる。

出荷・販売をめぐる位相では，農協と青空市のみの農家群では平均作付面積が194.2aで，農協外への出荷・販売を含む農家群では平均作付面積が310.3aとなり，農業経営に対する姿勢が明確に異なっている。さらに農協外出荷を含む農家を詳細にみると，榎列地区外の青果物業者と取引する農家の平均作付面積が253.3aであるのに対し，榎列地区内の青果物業者と取引する農家の平均作付面積が350.4aと大きくなり，入脱退可能なその他の社会関係を基礎にした物理的空間が広域におよぶ販売網や新規販路開拓は，積極的な農業経営に展開していないといえる。むしろ，榎列地区内という物理的にも社会的にも近接する青果物業者の方が，出荷・販売取引を通じたさまざまな調整が図りやすいと考えられ，より狭域であるが同一集落や血縁ほど密接ではない社会関係が重なり合う状態の結びつきが重要な契機になっているといえる。

また堆肥調達においては，複数の取引相手がいることは積極的な農業経営に作用していなかったが，出荷・販売においては取引相手が複数となる方が経営規模は大きくなっている。これは，取引するもの自体の性質に起因していると考えられる。農産物の出荷・販売において，まず農家はさまざまな社会的サービスを享受するうえで農協の組合員になることがほとんどである。このような状況から組合員であるが農協への出荷はしないという選択はとりにくい。そのため農協への出荷は自明的に存在し，市場動向に合わせて農協より高値，もしくは出荷にかかる手数料のより低い方法を望む場合に青果物業者などが選択され，取引相手が複数になる。さらに出荷・販売は売るものであり，堆肥は購入するものである。購入するものは1か所から調達する方が合理的であり，価格が変動するものを売る場合には複数の販路を有する方が安定的な収益が期待できる。これらのことからネットワークの性質や広がり方でも，農業生産の各段階において異なる影響を与えているといえる。

注

(1)　南あわじ市役所提供資料および農家63への聞き取りより（2009年8月現在）。
(2)　農家14からの聞き取りによる。
(3)　委託農家は聞き取りを実施した図25には含まれず，特定できなかった。
(4)　聞き取り調査から，正確な販売先や時期を特定できなかったものの，ほとんどの農家で，かつては市場動向に応じて出荷先を変更していたようである。
(5)　2010年1月現在。

第Ⅶ章　熊本県天草市宮地岳町における集団的農地管理と村落社会

1．本章の課題

大規模化による農地集積が困難であり，農地の継続的な利用が深刻な問題となっているのは中山間地域である（吉田 2011）。本章では第Ⅴ章と同じく規模拡大に経済的合理性の見出しにくい地域として中山間地域を事例に取り上げて検討する。中山間地域における農地利用や耕作放棄地の発生動向については，主に農業経営の側面から実証的研究が進められてきたが，村落社会の様相といった非経済的側面との関連性について重要性が指摘されながらも十分に検討されてこなかった。

そこで本章では，農業従事者の減少や耕作放棄地化の問題がより逼迫している中山間地域で，複数集落によって一つの集落営農が実施される熊本県天草市宮地岳町を事例に，農地利用が維持されてきた仕組みを，個別農家や集落営農組織などの農地の請負状況と農業経営，村落社会とのかかわり方を検討することから明らかにする。研究の手順としては，個別農家や集落営農組織である「宮地岳営農組合（以下，営農組合）」への聞き取り調査，および営農組合提供資料，農林業センサス等の統計資料を用いて，第２節で宮地岳町全体とそれぞれの集落の農業的特徴とその変遷を示す。次に第

３節で，宮地岳町において農地の利用主体となる個別農家の農業経営や，営農組合の農地請負状況について分析する。そして第４節で，両主体が農地利用の維持に果たす役割を，農業経営や村落社会のあり方とのかかわりから考察し，最後に第３部の小括を述べる。現地調査は2010年12月から2011年３月にかけて延べ約10日間にわたって実施した。なお本章中の「現在」は調査を実施した「2011年３月現在」とする。

2．宮地岳町における農業の展開

1）　宮地岳町における農業的特徴

研究対象地域に熊本県天草市宮地岳町を選定した（図32）。宮地岳町は天草下島の中央部にある，標高約110mの盆地に位置している。気候は天草諸島で全域的に温暖であるが，宮地岳町では冬季に霜が降り，稀に積雪することもある。宮地岳町は1889（明治22）年の町村制施行により樫之実鶴，屋形，長迫，豆木場，村，樫の木，平，市古木，金之入，中岳の10集落からなる宮地岳村として発足した。そして1957年に本渡市に編入され，2006年に周辺市町村と合併して天草市宮地岳町となった。

宮地岳町の人口は減少傾向にあり，過疎化と高齢化が進んでいる。1955年には約1,900人が居住していたが，2009年には637人（237戸）にまで減少し，65歳以上の人口比率が43％と高齢化が進んでいる[1]。このうち農家については，1950年には専業農家231戸，第１種兼業農家46戸，第２種兼業農家15戸の計292戸であったが，2005年には専業農家24戸，第１種兼業農家５戸，第２種兼業農家70戸，自給的農家60戸の計159戸となり，これに加えて土地持ち非農家が50戸となっている[2]。ほとんどの農地は四つの谷沿いに分布し，田がほとんどである（図32）。田の水はけは悪く，上流部にダムや大きなため池もないため，用排水を自由にコントロールすることが困難となっている。樫之実鶴集落以外で圃場整備が完了しており，田の区画は直線的で農業機械を使用しやすくなっている。田については耕作放棄地が少なく，田の利用はおおむね継続されている。他方，

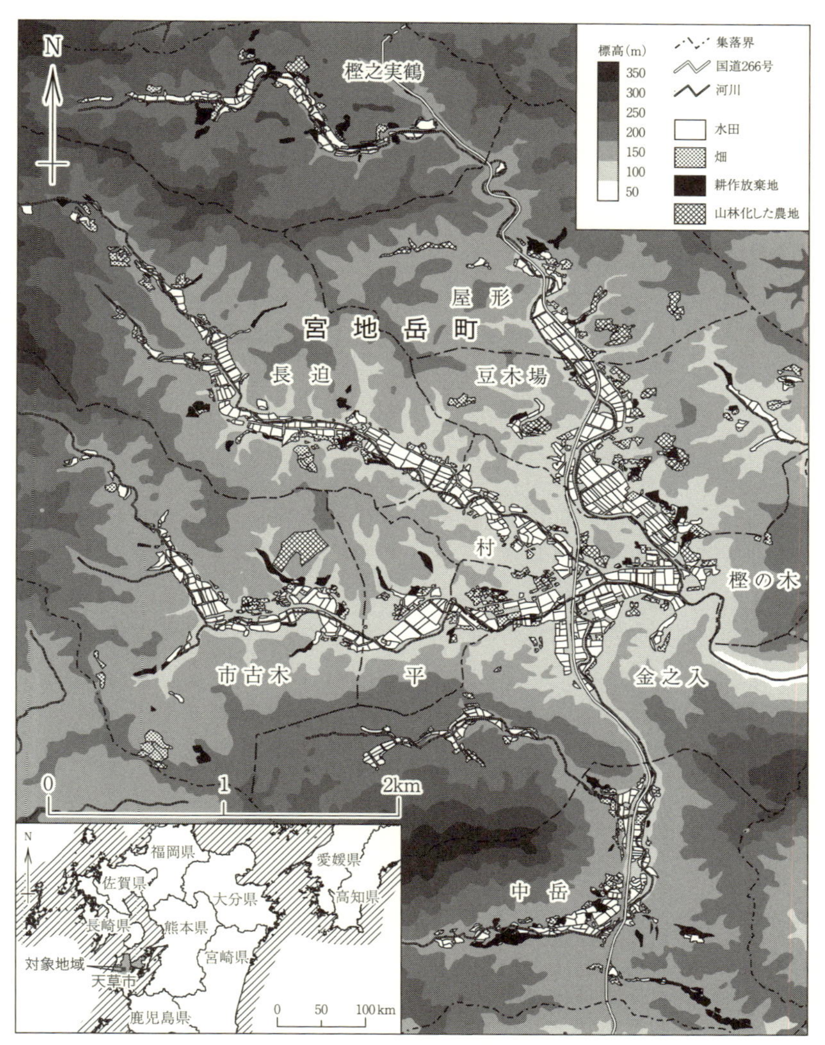

図 32　天草市宮地岳町の位置と土地利用

（国土地理院発行 1/25000 地形図および熊本県提供資料より作成）

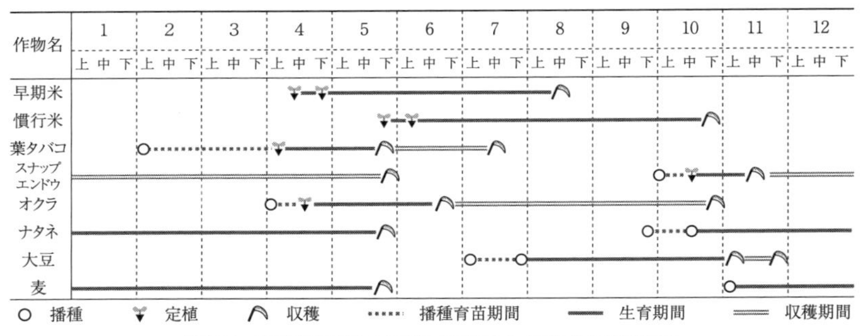

図33　天草市宮地岳町における主な作物の栽培暦

（聞き取りにより作成）

山の斜面を中心に耕作放棄地や山林化した農地もみられる。これらはかつて畑として利用され，主にサツマイモが栽培されていた。

宮地岳町の主な産業は農業で，米を中心に葉タバコや野菜類，肉用牛を生産する農業経営が展開している（図33）。水稲作については，天草諸島全域で早期米が優勢を占めるが，宮地岳町では慣行米の作付割合も高い。早期米は4月10日頃に定植され，8月中旬に収穫される。慣行米は5月下旬に植え付けされ，10月下旬に収穫される。葉タバコは2月1日よりハウスにて育苗され，4月上旬に定植して5月下旬から7月中旬に収穫し，収穫したものから各農家で順次，乾燥される。野菜類について，スナップエンドウは10月1日から育苗され，10中旬に定植され11月中旬から翌年5月下旬に収穫される。オクラは4月上旬から中旬に育苗され，6月下旬から10月下旬にかけて収穫される。手作業で行うスナップエンドウの定植と収穫およびオクラの定植と収穫作業は，それぞれ水稲の収穫と植え付けに重なり，水稲単作経営や水稲作と葉タバコを組み合わせる農家に比べて労働力を要する。水稲に加えてスナップエンドウやオクラも栽培する農家は広い面積で水稲を栽培できない。その他に水稲の裏作として，かつては麦類が優勢を占めていたが，現在では主にナタネが栽培されている。また田の転作作物として大豆も広く栽培されている。

2）　宮地岳町における農業の変遷

耕種農業については，高度経済成長期までは水稲に加えて，その裏作の麦類，畑でのサツマイモが多く栽培されていた。その後，麦類やサツマイモの栽培は収益性の高かった葉タバコへ移行していった。葉タバコ栽培は田で水稲と転換しながら行われ，1970年代後半までは拡大していったものの，生産調整によって次第に減少していった（図34）。さらに農業従事者の高齢化と相まって，現在，宮地岳町における葉タバコ栽培農家は2戸にまで減少した。果樹類については，第2次世界大戦後にミカンが導入されたが，冷涼な気候から栽培に適さず，栽培農家数は増加しなかった。野菜類については，スナップエンドウやオクラなどが販売目的で栽培されているものの，その他の野菜のほとんどは自家消費用となっている。このうち販売目的の野菜作については，農業従事者の高齢化が主たる要因となって縮小傾向にある。オクラを例にすると，最盛期には約20戸が栽培していたが，2011年現在には7戸にまで減少している。水稲作については宮地岳町全体で，米の農協への出荷の割合は10%未満であり，個人による直接販売の割合が高くなっている。直接販売による販売価格は13,000～30,000円/60kgとなり，販売先との関係や農家によって販売価格が異なるものの総じて農協出荷による販売価格よりも高い。

肉用牛繁殖については，1970年以前には役牛として飼養されていたものが転換したことを契機としている（図34）。高度経済成長期以前は坑木や船材用の木材搬出，炭焼きもさかんであり，とくに役牛は木材搬出のために用いられた。これらの駄賃取りや炭焼きは，1960年代まで多くの小規模農家にとって重要な現金収入源となっていた。かつて多くの農家で1～2頭の役牛が飼養されていたものの，牛の役割が役牛から肉用牛に移行するにつれて，少数農家による多頭飼育化が進んでいった。

集落別の農業をめぐる動向を経営耕地の減少率からみると，1960年から2000年にかけて，九つの集落で畑の80%以上が減少している（図35）。ただし，もともと畑の少ない平集落では，減少率が自家消費用の野菜作の継続により，53.7%にとどまっている。樹園地については，七つの集落で80%以上の減少率となり，平集落と中岳集落でもそれぞれ78.5%と79.0%

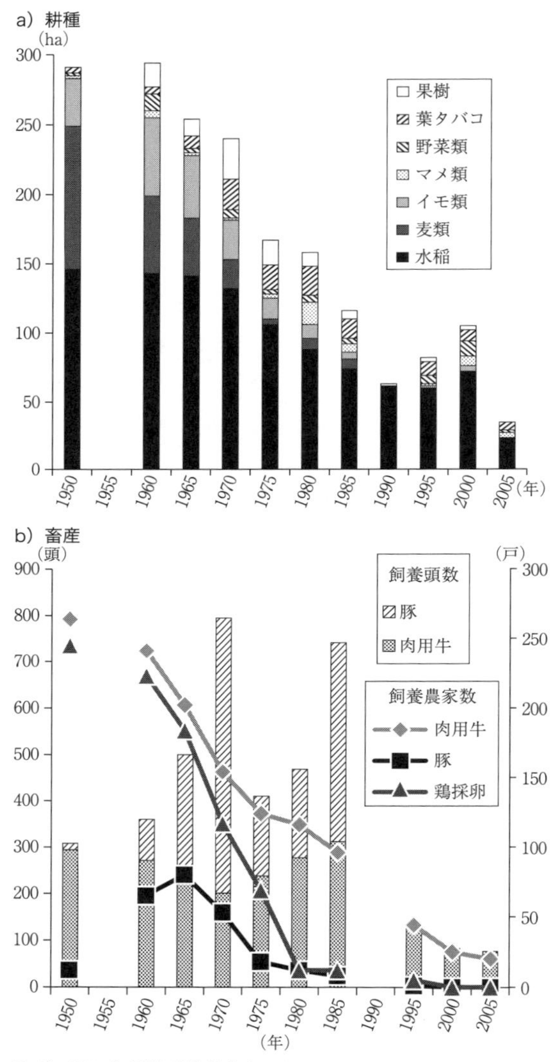

注 1）1995 年以降は販売農家のみ

注 2）1955 年全項目，1990 年は水稲と果樹以外のデータなし

図 34　天草市宮地岳町における主要作物収穫面積および家畜飼養農家数・頭数の推移（1950～2005 年）

（農林業センサスにより作成）

と高くなっている。他方，田の減少率については，畑や樹園地に比べて低く，九つの集落で50%未満となり，中岳集落のみ60.6%と比較的高くなっている。中岳集落では従来より専業農家が少なく，後述する圃場整備事業が他集落よりも遅れて実施され，作業効率の悪い農地であったことが経営耕地面積の減少に影響している。総じて宮地岳町全域において畑や樹園地は耕作放棄地化される傾向にあるが，田については，水稲作が自家消費・贈答用として兼業農家や自給的農家にも継続されることによって利用が維持されている。

これらのことから，宮地岳町の農業は，専業農家の減少と第２種兼業農家や自給的農家の増加，米以外の商品作物の生産が縮小するなかで展開してきた。そして，多くの農家では農業の経済的役割が相対的に低くなり，主な経済基盤が農外就業へ移行していった。そして世帯収入に占める農外

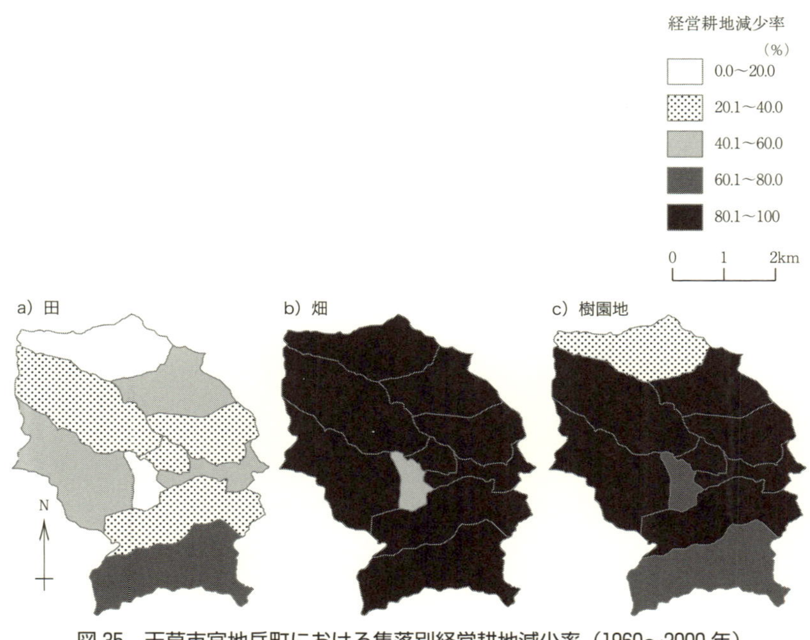

図 35　天草市宮地岳町における集落別経営耕地減少率（1960～2000 年）

（農業集落カードより作成）

就業の比率の高い世帯は，畑や樹園地での商品作物栽培を中止し，自家消費・贈答用として水稲作を継続し，田を中心とした農地の利用が維持されてきた。しかし，農業従事者の高齢化や減少が続いており，個別農家による農地利用のみでは，町内全域にわたる農地利用の維持が困難になりつつある。こうしたなかで，町内の農地を管理していくため，営農組合が集落営農を推進する組織として機能している。営農組合では町全体を一つの経営体としてとらえ，作業受託や転作，集落協定の締結に取り組んでいる。また中山間直接支払制度などの各種助成金の交付を受ける単位ともなっている。

3. 宮地岳町における農地利用の主体

宮地岳町の農地面積は田で107ha，畑で10haとなっている[3]。このうち営農組合が請け負う農地は，2010年現在，部分作業受託も含めて51.3haであった。その他の農地は個別農家によって耕作されており，離農農家の農地を周辺の農家が借地・作業受託することによって農地利用が維持されていた。借地・作業受託による農地貸借が進んだ背景として，1988年より開始された圃場整備により，農業機械に対応した農地となったことが挙げられる。その結果，機械化の進んだ水稲作を中心とした借地経営が可能となっている。本節では，個別農家と営農組合それぞれの農地請負の動向について，農業経営の側面から検討していく。

1) 個別農家による借地経営

宮地岳町における個別農家による借地経営について，集落別の経営耕地に占める借地の割合をみていくと，豆木場と樫の木，村，平，金之入集落で20％以上と高くなっている（図36）。これらの集落で農家1戸あたりの平均経営耕地面積をみると，1960年から2000年までの間で大きく増減していない。次いで，樫之実鶴と長迫集落では経営耕地に占める借地の割合がそれぞれ19.0％，19.1％となり，とくに屋形，市古木，中岳集落では

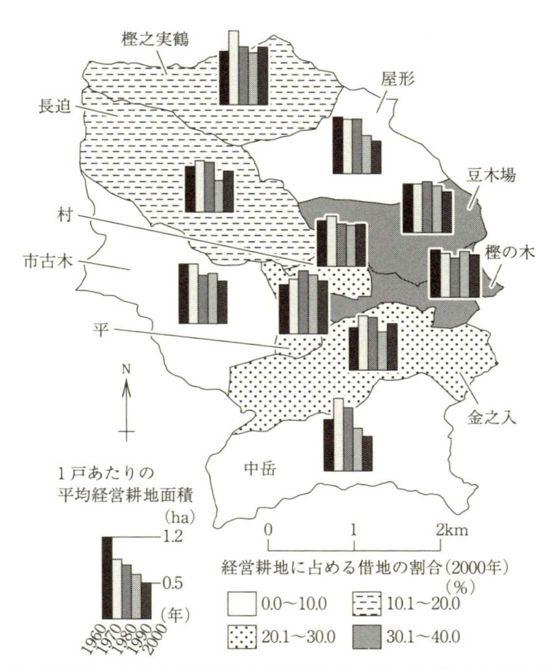

図 36　天草市宮地岳町における集落別の経営耕地に占める借地の割合と1戸あたりの平均経営耕地面積の推移（1960～2000 年）

（農業集落カードより作成）

5.3%，8.8%，2.8%と低くなっている。農家1戸あたりの平均経営耕地面積をみると，樫之実鶴と長迫集落では1960年と2000年を比較すると増減は少ない。他方，屋形，市古木，中岳集落では約30～40%の減少がみられる。借地割合の高さと1戸あたりの平均経営耕地面積の維持に相関がみられ，借地経営が農地利用の維持に寄与しているといえる。

次に，個別農家による農地貸借の動向をみると，貸借は集落内を中心に行われるが，場合によって集落外や町外にまでおよんでいる（図37）。このような農地貸借は葉タバコ栽培最盛期である1970年代前半より行われるようになった。当時，葉タバコは生産調整の対象となっておらず，宮地岳町の専業農家や第1種兼業農家にとって主たる商品作物に位置づけられ

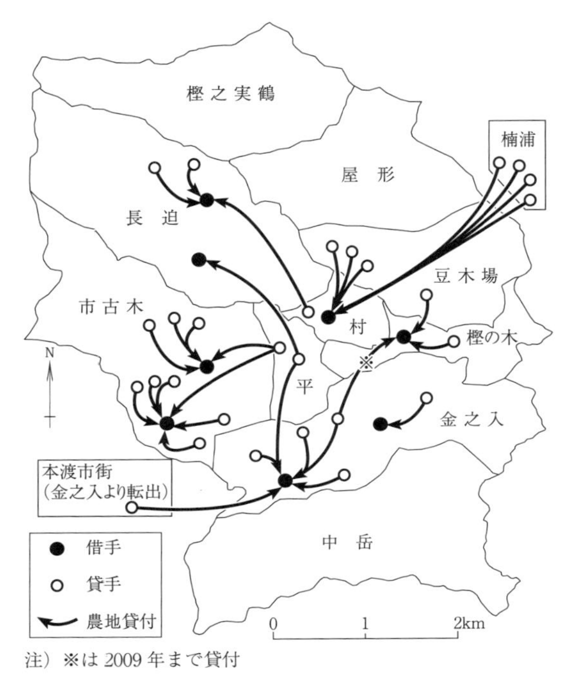

注）※は2009年まで貸付

図37　天草市宮地岳町における農地貸借動向の一端（2011年）
（聞き取りにより作成）

ていた。各農家は商品作物である葉タバコの生産を増大させるために町内を中心に借地によって経営規模を拡大していき，町外へも出作していった。

具体的事例として，樫の木集落に居住する農家Aは，2006年に葉タバコ栽培を中止し，2011年現在，70歳代の世帯主のみで45aの自作地と115aの借地で早期米55aと慣行米100aによる水稲単作の農業経営を行っている。米の出荷先は早期米の一部を農協に出荷し，それ以外は直接販売となっている。農地貸借について，現在は同一集落の1戸から65aと豆木場集落の1戸から50aを借りているが，2009年まではこの2戸に加えて金之入集落の1戸から80aを借地していた。いずれも10aあたり年間15,000円の小作料で貸借契約が交わされている。さらに，1970年代中頃から1989年まで中岳集落に南接する河浦町の20〜30aの農地も借地していた。河浦町に立地する農地の借入は，農家Aの現在の世帯主の妻の実家やその近隣世帯が所有する計150aの田であった。それらのうちから，毎年20〜30aを1年契約で借地して葉タバコ栽培を行っていた。小作料は宮地岳町と同水準で支払われていた。いずれの農地貸借も葉タバコの生産増大を企図して行われ，借手が貸手に働きかけることによって行われた。

しかし，葉タバコの買取価格の低下と生産調整による収益性の低下は借地拡大による経済的利点を小さいものにしていった。そして葉タバコ栽培の中止後は水稲単作となり，葉タバコ栽培がさかんであった時期と同水準の小作料では，葉タバコ栽培最盛期と同規模で借地経営を継続することは不可能となった。そして，河浦町の借地を1989年に，金之入集落の借地を2009年に返却した。この際，河浦町の農地貸借では次の借手を探索することは求められなかったが，金之入集落の農地貸借では宮地岳町内の農地利用を維持していくために「新たな借手」を見つけておくことが求められた。そこで対象農地付近に居住し，世帯主が55歳と若い農家Bに依頼し，借地権が移動した。

次に葉タバコを栽培し，村集落に居住する農家Cは2011年現在，60歳代の世帯主とその配偶者で，66aの自作地と244aの借地で早期米83aと慣行米102a，飼料米130a，ナタネ16a，葉タバコ155aによる農業経営を行っている。米の出荷先は80%が農協で，残りの20%は直接販売となっている。農地貸借について，豆木場集落の3戸から計60aを，屋形集落に東接する楠浦町の4戸から計184aを借りている。葉タバコは生産調整の対象となっており，一度，作付面積を減らすと次年度以降に再び作付面積を増大させることができない。そのため，容易に作付面積を減らすことはできなかったが，近年，葉タバコの価格低下と労働力不足から，楠浦町の借地のうち60aを貸手へ返却した。この借地の返却に際して，当該農地は町外の楠浦町に立地しており「新たな借手」を探索することは求められなかった。

また，農家Aから「新たな借手」となった農家Bは6戸の貸手から借地している。農家Bは建設関連業に従事する第2種兼業農家であったが，

2003年頃より借地が拡大し，世帯収入に占める農業の役割は高まってきた。2011年現在，50歳代の世帯主とその配偶者で，50aの自作地と150aの借地で，早期米80aと慣行米50a，モチ米10aの水稲単作経営を行っている。米の出荷先は，直接販売を主体とし，本渡市街地の農業資材会社や農協にも出荷している。農地貸借について，貸手の居住地は同一集落の4戸と平集落の1戸，本渡市街地の1戸の計6戸となり，対象農地はいずれも金之入集落内に立地している。このうち1戸は，2009年に農家Aから引き継いだものである。いずれの小作料も10aあたり年間10,000円となり，葉タバコ最盛期よりも地代が安くなっている。借地は，農業労働力の減少や高齢化の進んだ周辺農家から依頼されることによって拡大した。同様に，長迫集落の2戸，市古木集落の2戸が借手となった農地貸借も，周辺農家からの依頼によってなされたものである。

他方，金之入集落の農家Dは同一集落の1戸から40a借りているのみである。農家Dは電設関連業に従事する第2種兼業農家であったが，2000年頃より，野菜作を中心とした専業農家となった。2011年現在，60歳代の世帯主とその配偶者で，60aの自作地と40aの借地で早期米40aと慣行米40a，オクラ15a，スナップエンドウ10aによる農業経営を行っている。水稲作に比べて労働力の要するオクラとスナップエンドウに重点をおいた経営となり，農協のオクラ部会の会長を務めた経験を有している。そのため，水稲作については2005年より収穫から乾燥までの作業を営農組合に委託している。農家Dの農地貸借は，2000年頃より10aあたり年間10,000円の小作料でなされてきた。しかし，農業労働力の高齢化が進み，水稲作の作業の一部を委託するなど，現在の経営規模を維持することが難しくなっている。将来的には借地を貸手に返却する意向となっている。その際，「新たな借手」を探索することは困難になると考えており，営農組合への委託を予定している。

2）営農組合による農地請負

宮地岳町において，1980年代から農業従事者の減少などが問題となっており，より機械化に対応した農地の整備が求められていた。そこで，

表13　天草市宮地岳町における「宮地岳営農組合」の取り組み

年	事項
1988	圃場整備を開始（2008年度までに90haが完了し，町内の84％の農地が完了）
2000	「宮地岳営農組合」および「宮地岳農業振興会」の設立
2001	「景観作物」としてナタネ種子を配布し，作付を促進 「都市農村交流」に関する取り組みの開始 7集落計約53haに鳥獣害対策の電気柵を設置（本渡市約40％補助）
2002	上記の2組織を「宮地岳営農組合」に一本化，「子供農園」の開始
2003	水稲直播を試験的導入，ナタネが転作作物に指定される
2004	ナタネ搾油施設を設置（本渡市47％補助）
2005	飼料稲・食用に水稲直播を本格化，ナタネ在来種破棄，大豆播種機の購入
2006	宮地岳営農組合の法人化，ナタネ搾油施設を増床し製品化
2007	転作作物用の汎用コンバインを購入（県・市約60％補助），修学旅行モニターツアーを実施 女性部の創設，農地・水・環境工場活動支援事業の取り組み開始

（営農組合提供資料により作成）

1988年から田を中心とした圃場整備事業が開始され，平集落を筆頭に市古木，金之入集落と順次なされていった（表13）。樫之実鶴集落を残して，2008年までに約90ha（町内の84％）の田が整備された。中山間地という地形的な制約条件と1戸あたりの平均所有面積の少なさから，整備後の農地1区画の平均面積は約16aと小さい。農地区画は小さいものの農道や用排水路が整備され，農業機械の使用が容易となり，第2種兼業農家や自給的農家でも少ない労働力で水稲単作による農地利用の維持が可能となっている。

そして2000年4月に営農組合が転作作物の作業受託と転作奨励金の交付を受けるために設立され，2000年11月に宮地岳農業振興会が中山間地域直接支払制度に取り組むために設立された。当初，二つの組織がそれぞれの役割に応じて事業を展開していた。しかし，両組織の組合員・構成員はおおむね重複しており，組合員・構成員内で両組織の分業体制が正確に理解されにくかったことから2002年に営農組合に一本化された。そして現在，営農組合には宮地岳町で農地をもつほぼすべての農家が参画している[4]。営農組合は，代表理事１人と各集落より２人ずつ選出された計 20 人の地区役員によって構成される。さらに，20 人の地区役員と営農組合の職員５人のなかから理事７人と監事２人が選ばれ，それぞれの役割を担っている。

営農組合に一本化されて以降は，転作に関する諸事業や中山間地域直接支払制度に関する活動だけではなく，町内の農業全般に関する活動を展開していくようになった。具体的には，水稲作に関する作業受託や「景観作物」としてのナタネの栽培，「都市―農村交流」の取り組みとして農家民宿の開始，鳥獣害とくにイノシシへの対応として電気柵の設置などに取り組んできた。

他方，主な活動となる転作に関する事業について，転作の推進や転作作物の作業受託に加えて，町内の 10 集落全体で転作率を調整し，水稲作の

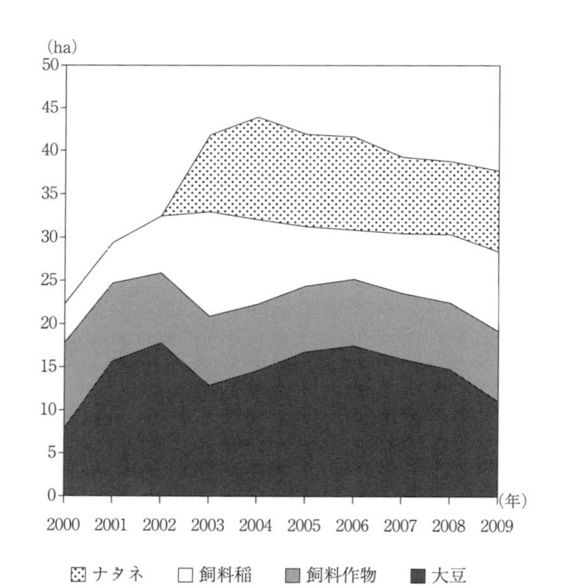

図 38　天草市宮地岳町における宮地岳営農組合の転作作物受託面積の推移（2000～2009 年）

（営農組合提供資料により作成）

生産調整に対応している。2010年度には42％の転作率が課され，目標値を超えた50％の転作を達成した。とくに，2001年以降には営農組合が町内の30％以上の農地で転作に取り組んできた。宮地岳町に課された転作面積の大部分を営農組合で請け負ったことにより，米の販売を主な収入源とする専業農家や第1種兼業農家は，自身の経営耕地をすべて水稲作に充てることが可能となった（図38）。営農組合は作物販売代金や転作奨励金等による収入と生産費などの支出を一括で管理し，転作奨励金や営業利益を受託面積に応じて各農家へ配分している。2008年には各農家の配当金は10aあたり28,760円であった。転作作物については2002年まで大豆の割合が高かったが，宮地岳町の田は排水が悪く，大豆栽培に好適な条件とはなっていない。そのため作付後，収穫されないまま鋤き込まれる場合も

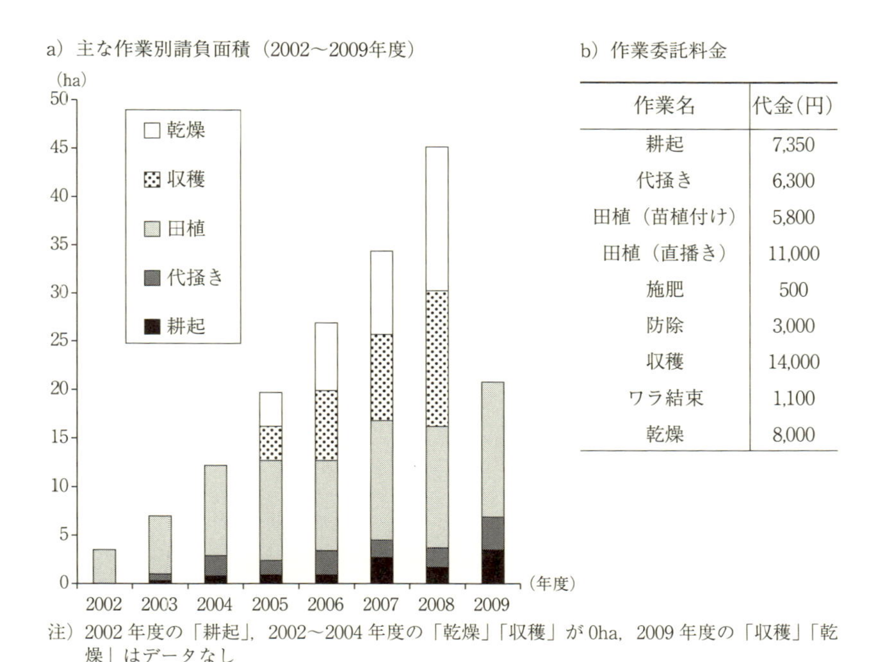

b）作業委託料金

作業名	代金(円)
耕起	7,350
代掻き	6,300
田植（苗植付け）	5,800
田植（直播き）	11,000
施肥	500
防除	3,000
収穫	14,000
ワラ結束	1,100
乾燥	8,000

注）2002年度の「耕起」，2002～2004年度の「乾燥」「収穫」が0ha，2009年度の「収穫」「乾燥」はデータなし

図39　天草市宮地岳町における「宮地岳営農組合」による水稲作作業請負の動向

（営農組合提供資料により作成）

ある。現在では飼料稲やソルゴーやイタリアンライグラスなどの飼料作物の割合が高まりつつある。

さらに，2002年より水稲作の作業受託も行っている（図39）。営農組合は水稲作の作業受託に向けて，2001年と2003年にトラクターを，2002年に田植機を自費で購入した。2004年には畦塗り機と多目的田植機，コンバイン，乾燥機を熊本県と本渡市（当時）からの助成を受けて40%の自己負担で購入した。機械装備の増強に合わせて受託する作業内容は広がり，受託面積も増加している。2011年現在，平や市古木集落の約10戸は水稲作にかかわる作業を営農組合に全面委託している。

農作業については，営農組合が年間を通じて雇用する3人の作業員で行われ，さらに田植と収穫期には臨時労働力を雇用して対応している。しかし，宮地岳町の農地は1枚あたりの面積が小さく，作業効率を向上させることにも限界がある。さらに，畦畔面積も広く，その草刈り等の作業にかかる負担も大きい。宮地岳町において農業従事者が減少していくなかで，町内の農地を管理していくために，営農組合の作業受託の果たす役割は高まっていくと予想されるが，現在の経営形態で今後とも受託面積を増大させていくことは難しくなっている。

4. 農地利用の維持基盤

本節では，これまで検討してきた個別農家と営農組合それぞれの農地請負の動向をもとに，農地利用の維持に果たす両者の役割について，村落社会とのかかわりから考察していく。

個別農家による農地貸借は集落内に加えて集落外にもおよび，実施年代によってその形態が異なっていた。葉タバコ栽培最盛期の農地貸借では借手が農業生産の拡大を企図しており，経済的目的から貸手に依頼する形態で実施された。つまり，経済活動として個別農家が農業経営を維持することが，結果的に宮地岳町の農地利用を維持することとなっていた。そして経済目的によって農地貸借が行われた時期には，借手はさまざまな手段を駆使して貸手にアプローチし，集落内や町内他集落，町外の農地を集積していった。

しかし，葉タバコの買取価格の低下や，生産調整などによって，葉タバコ栽培の収益性が低下していくなかで，栽培を中止する農家もみられるようになった。栽培の中止は個別農家の判断によってなされたが，貸借契約はもともと借手が貸手に依頼していたことから，借手の都合のみで解消しにくいものとなっていた。というのも宮地岳町においては，同一集落内におけるさまざまな年中行事や日常生活上の付き合いに加え，他の集落間においても，谷ごとの水利をめぐる諸調整や，隣接集落とチームを組んで出場する町内のスポーツ大会による結びつき，宮地岳小学校や宮地岳中学校，青年団などを通じて町内部で重層的な社会空間が構築されている[(5)]。現在も継続する農地貸借のほとんどは宮地岳町内で行われている。このような同一集落，複数集落，町全体とそれぞれの地理的スケールで結びつくムラ的な社会関係が，農地貸借における借手と貸手の関係を経済取引に限定されないものにし，貸借契約を継続させているといえる。

さらに，一般的に農地は個別農家の経済財としての役割に加え，集落の社会的機能やある血縁集団の「家産」としての役割なども付帯されており，宮地岳町においても例外ではない。農地の有する社会的機能は宮地岳町の農家にとって「宮地岳町の農地は維持しなければならない」という共通理解を生み出している。このような共通理解の背景に，歴史的に宮地岳町という単位が農地を管理するものになっていたことが影響しているといえる。宮地岳町においては，近世から第2次世界大戦後の農地解放まで町（村）内のほぼすべての農地と山林を庄屋であった中西本家が経営していた（熊本県警察本部警務部教養課編 1959）[(6)]。そして町（村）内のほぼすべての住民は中西本家の小作人であり，宮地岳町という集落よりも大きな地域単位のなかで農地を利用していた。このことは宮地岳町を単位として営農組合を設立する際にも影響を与え，宮地岳町という単位の社会集団が農地利用を維持していくうえで重要なものになっていると考えられる。これらのことから，借地経営が困難になった場合においては，町内を中心にして「新たな借手」を探索することが求められているといえる。他方，町外におよぶ農地貸借においては，「新たな借手」を探索することが求められていなかった。農地利用を維持するという行為において，集落界を越えた宮地岳町という位相の地縁が重要な役割を果たしているといえる。

こうして宮地岳町においては，個別農家の借地経営による農地利用の維持が展開しているものの借手となりうるような専業農家や第１種兼業農家は減少している。葉タバコ栽培がさかんであった時期の農地貸借とは異なり，1990年代後半からの農地の貸借では，貸手が借手に依頼するものへと移行しており小作料も低下している。とくに水稲単作の借手にとっては農地１枚あたりの面積が小さく，借地拡大によって作業効率を高めることは難しい。また借地農家であっても農業労働力が減少傾向にあり，１戸の借手で請け負いきれないことから１戸の貸手が複数の借手に分配して貸し付ける事例もみられる。借手にとって借地を拡大しなくても世帯を支える収入は得られており，労働力が不足するなかで農地貸借は積極的に望まれるものとなっていない。農地貸借には経済的側面に加え，宮地岳町という位相の地縁を基礎とした，非経済的側面も重要な役割を果たしているといえる。

しかし，農地利用を維持するためとはいえ借手となる個別農家にもこれ以上の借地の増大は難しく「新たな借手」は不足している。こうしたなかで「新たな借手」を確保できない場合に，営農組合が作業受託によって農地を請け負っている。また営農組合の請け負う農地のほとんどは転作作物の作業受託であり，転作率を調整する機能も担っている。さらに専業農家や第１種兼業農家の多くは農協出荷に比べて利益率の高い直接販売の販路を有している。これらのことによって，個別農家は全経営耕地で水稲作を経済活動として行うことが可能となり，借地を拡大することに少しでも経済的利点を見出せるような対策になっているといえる。

注

(1)　宮地岳営農組合資料による。
(2)　1960年および2005年農林業センサスによる。
(3)　宮地岳営農組合資料による。

(4)　例外として集落協定の締結に同意しなかった1戸のみ参画していない。
(5)　中学校は1947年に創立され，1995年3月に廃校となった。小学校は1876（明治9）年に創立され，2012年3月に廃校となる予定である。またスポーツ大会についても，かつては1集落1チームであったが，人口減少が続くなかで，チームを編成する社会集団の単位は変化してきている。今後，その他の機能集団を構成する単位も変化していくと予想される。
(6)　複数人への聞き取りから，樫之実鶴集落のみ近世よりほとんどの農家が自作農で，その他9集落では，ほとんどが中西本家の小作農であったとされている。

第３部　小括

第３部では，規模拡大に経済的メリットを見出しにくい地域として，淡路島三原平野（第Ⅴ章）と天草下島の中山間地（第Ⅶ章）を取り上げて，農地利用の維持に向けた農地移動の展開および農地管理のあり方について，社会関係を分析することから検討した。さらに三原平野では，農業機械の共有と堆肥の調達，出荷・販売形態を取り上げて，同じく主体間の社会関係を分析することから検討した（第Ⅵ章）。**第２部**と同様に，農地移動および農業生産をめぐる諸現象にかかわる主体間の社会関係の組み合わせに着目して分析を進めた。それぞれのネットワークの広がりや性質の差異が各農家の農業経営に関連しているのかを考察してきた。

その結果，三原平野の農地移動では，受手となる農家は収益性の向上を企図しておらず，集落の社会的機能の保持という非経済的側面が動機となって展開していた。これまでの離農の場合，「家産としての農地」を維持するために血縁を有する農家間で農地移動は展開してきたが，農業従事者の減少や高齢化が進むなかで，こうした農地移動の形態は困難になりつつあった。農業集落内の農地利用を維持していくうえで，労働力に余力のある農家が，近隣・隣保や講中，血縁を有していない貸手の農地を受動的に請け負わざるをえない状況になっていた。そのため，労働力に余力のある専業農家ほど，同一集落という社会関係のみを基礎として，農地をより多く請け負っていた。また集落内の農地は圃場整備が完了し，作業効率が良いことからも，専業農家は作業効率を理由にして借地を断りにくく，労働力が不足する場合にも複数の農家で分割して借地していた。農業集落内の農地貸借は，従来からのムラ的な社会関係の構成要素である同一集落という社会関係のみで結びつく農家間で行われており，同一集落という社会空間が準拠枠となっていた。

他集落におよぶ農地移動では兼業農家が受手となり，出手との結社縁や血縁といった社会関係を維持していくために，耕作条件が悪くとも農地を請け負っていた。集落界を越える農地移動でも，ムラ的な社会関係に含まれる結社縁や血縁が基礎となり，それらが重層的に存在していた。同一集落という社会関係が，集落内の農地利用を維持する基礎となる一方で，結社縁や血縁が他の農業集落の農地利用を維持していく際の基礎となっていた。

また，北海道や関東平野でみられた経済取引に限定された間接縁による農地移動はみられなかった。対象地域のように規模拡大に経済的合理性の見出しにくい地域では，農地利用の維持に集落の社会的機能の保持や「家産としての農地」という非経済的側面が重要な動機となっていた。

また，**第Ⅴ章**で説明手段とした社会関係は農地移動のみならず農業経営全般に影響を与えうるものである。こうした農地移動以外の農業生産活動について，**第Ⅵ章**では農業機械の共有と堆肥の調達，出荷・販売形態を取り上げて検討した。

その結果，機械共有においてはネットワーク内の一部の農家間にはムラ的な社会関係も存在していたが，それに限定されるものではなかった。ネットワークは集落という社会集団を通じた結びつきがパスとなって構築されており，経営耕地面積の拡大などと明確な関連性は見出せなかった。堆肥調達においては農業集落界を越えるものの，さまざまな結社縁なども重なるムラ的な社会関係がパスを特徴づけていた。農業経営との関連性について，複数の供給農家から調達する場合には農業経営の規模が小さくなり，単一の供給農家から調達する場合には農業経営の規模が大きくなっていた。他方，出荷・販売においては，ネットワークのノードとなる取引相手が複数となる農家は積極的な農業経営を展開し，ネットワークのおよぶ物理的空間が狭域であるほどその傾向は高かった。他方，相対的にネットワークのおよぶ物理的空間が広域になる場合の方が経営規模は小さかった。

それぞれのネットワークのノードは各位相で共通するものもあり，ノード間のパスの性質も同一集落など共通するものもあるが，農業生産の各段階によって異なる影響を与えているといえる。

次に**第V章**と同様に**第VII章**では，規模拡大に経済的合理性を見出しにくい中山間地域である熊本県天草市宮地岳町を事例に取り上げ，農地利用が維持されてきた仕組みを，集落営農組織や個別農家などの農地の請負状況と農業経営，村落の社会的動態とのかかわりから検討した。その結果，農地利用の維持は，個別農家が借地経営，営農組合が作業受託，とそれぞれの役割を果たすことによって成立していた。

農地貸借が行われる動機は，1980年代前半までは農業生産の拡大を企図したものであった。しかし，葉タバコ栽培が縮小し始めた1980年代後半からは，各農家は水稲作に重点をおいた農業経営を展開し，農業生産の拡大とは異なる文脈で農地を請け負うようになってきた。さらに農業労働力が不足するなかで，経営規模の縮小を望む借地経営農家も現れるようになった。貸手としては「家産」としての農地利用を維持していくために，耕作放棄地化は望ましいものではない。貸借契約が解消される際には，それまでの借手が「新たな借手」を確保するようになっており，確保できない場合には営農組合が請け負う体制になっていた。

一方，営農組合も現在の労働力では，さらなる受託面積の増大は困難となっている。この対策として，宮地岳町産米のブランド化を図り，収益性を高めることによって，さらなる作業員の増員も目論まれている。具体的な取り組みとして，品評会の実施や栽培履歴帳の記帳，宮地岳産米専用の個人販売用袋の作成などを行い，農協出荷でも区分販売ができるように働きかけている。宮地岳町産米のブランド化を図ることによって，専業農家・第1種兼業農家の経営の安定化にもつながるであろう。

また現在，農地利用を維持する単位は，宮地岳町という社会空間の基底にある地縁である。しかし，農地を利用していくには経費に見合った収益が必要であり，経済的利点を見出しにくい状況では，農地を維持する仕組みは崩壊する。今後，対象地域の人口は減少していくと予想され，現在と同じ規模の農地を維持し続けることは困難になるであろう。三原平野においても同様のことがいえるが，農業生産活動が経済的役割をともなわないなかで展開している場合もある。とくに農地利用の維持については，非経済的側面が動機となる場合も見受けられるし，専業農家や一部の兼業農家であっても必ずしも規模拡大を望んでいるわけではなく，農業集落内の農地利用を維持するという行為が暗黙のうちに彼／彼女らに課されるようになっていることもある。こうした状況から，今後，農地の計画的放棄や山林化も含めた管理のあり方を議論していくことも必要になってくると考えられる。

以上のことから，いずれの地域においても，まずはムラ的な社会関係にある農家と農地が取引され，出手が離農する場合であっても耕作放棄地化されることなく農地利用が維持されるように農地は管理されてきた。この形態の農地管理が成立してきた条件としては，集落という社会集団の構成員すべてが農家で，個別の農家が農業経営を維持することが結果的に農業集落内の農地利用の維持につながるためである。しかし，農家が減少しているなかで集落内に農家と非農家が混在するようになり，集落の住民すべてが農家であった時期のムラ的な社会関係の組み合わせに基づく農地の取引では，農地利用を維持することは難しくなってきている。こうしたなかでムラ的な社会関係に含まれる同一集落もしくは宮地岳町というような社会集団の単位が，農地利用を維持するうえでの準拠枠となって管理がなされているといえる。

農地管理においては，物理的空間の広狭自体に大きな意味はなく，社会集団としての集落や地区，旧町，その他血縁や結社縁が重要な役割を果たしている。宅地と当該農地の物理的距離の遠近は農地移動の条件として可視化されやすく，農業経営の側面からも注目されやすい。農地を管理していく際に，結果として農地管理のおよぶ範囲が，集落というような社会空間の境界を越えた場合には，必然的に物理的空間も広域におよび説明要素として可視化されやすくなることが要因と考えられる。しかし，特定の社会集団を基礎として農地を管理していく際には，社会集団をもとに形成される社会空間の境界に包含されるか否かが，優先すべき条件になっている。農地管理の主体となる準拠枠が集落という社会集団となっている場合，受手農家が既存の経営耕地の分布状況から隣接集落の農地の方が物理的距離は近くても，同一集落の農地が優先される。この時に機能している空間範囲は，物理的距離というより社会空間の有する境界といえ，それは上幡多という物理的空間が狭域な社会集団となることもあれば，旧町である宮地岳という物理的空間が広域におよぶ社会集団となることもある。農地利用の維持を通じた管理について考えるためには，結果として現れる物理的空間の範囲とその基底にある社会集団の動きを読み解くことが不可欠といえよう。

これは堆肥調達や出荷をめぐるネットワークにおいても同様で，村落社会においてさまざまな役割を果たす社会関係は，農業生産の段階に応じてその作用の仕方が異なっていた。第２部同様に，従来からのムラ的な社会関係は固定的なものではなく，その組み合わせは多様であり，そのあり方によって各現象の想起する物理的空間の広狭が決まっていた。物理的空間が広域でノード数も多くなるネットワークは，必ずしも積極的な農業経営に寄与するものでもなく，むしろ農業経営を縮小する傾向にある農家が構築するものでもあった。ムラ的な社会関係やその構成要素である集落などの社会集団は，農地利用の維持に重要な役割を果たしている。しかし，その行為に経済的メリットを見出しにくい場合もある。そうした状況にもかかわらず，村落社会のなかで生活する農家が農地利用を維持することへの義務感を根拠として，農地利用の維持を強いることは問題である。農地利用のために地域住民は存在するのか，地域住民の経済活動もしくは生活手段として農地利用はなされているのか。現代日本では後者であろうし，農地利用の維持を前提として議論するのではなく，農地利用の維持は計画的放棄も含めた選択肢の一つとして議論していくことが求められる。

第4部　結論

第Ⅷ章　結論——成果と課題と展望と

これまで，農地利用が維持される仕組みを，その基底に存在する主体間の社会関係に着目することから解明しようと試みてきた。さらには，農業生産をめぐる多様な（存在としての）ネットワークが注目されるなかで，それらを分析するための方法論の提示を企図し，これを達成するために，農業生産活動に関する現象として農家の出荷・取引の形態，共同作業などを取り上げ，方法論の汎用性について探ってきた。以下では，各部で得られた結果をふまえて，達成された成果と残された課題を総括し，農村研究を進めていくうえでの今後の展望を述べる。

1．農地利用をめぐる研究成果と課題

第Ⅱ章や第Ⅳ章で明らかにしたように経済取引に限定された社会関係に基づく農地移動は，耕作放棄地の問題を考えるうえで重要な示唆を与えている。耕作放棄地を多く抱える集落では集落内の農業労働力が不足し，農地は供給過剰となっている（元木 2006）。全国的に農業従事者は高齢化の傾向にあり，ある地縁集団や血縁集団内の社会的機能の維持を動機とした農地移動のあり方では，農地の受手の絶対数が不足し，継続的な農地利用は困難になると予想される。そうなると，必然的に農地の受手としては集

落外の農家を頼らざるをえない。しかしながら，地権者は，小作権の発生などを危惧し集落外の農家へ貸し付けることを躊躇しがちである。とくに，農地転用による売却の可能性が高い地域ほどその傾向がみられる（神門 2006）。

都市近郊の農家にとっては農地転用への期待はいまだ高いものであり，貸借契約が解消しやすい経済取引に限定された農地貸借が求められる。**第Ⅳ章**で示したように，都市近郊の農地取引においては，取引する農家の間に従来通りのムラ的な社会関係のあり方が存在しながらも，農地の取引においては，農地はムラ的な社会関係から切り離された状態で相場の価格に応じて取引される。そのため，農地の取引が不調に終わった場合でも，地権者にとって集落における社会生活上の支障は小さく，農地移動への抵抗感は軽減されると考えられる。経済取引に限定された社会関係は，大規模化により経済的メリットの見出せる地域においては，集落内に農地の受手が不足したとき集落外の農家へ農地を委託する重要な契機になる。大規模化を志向する農家にとって，経済取引に特化した形態は農地を獲得するために有効な形態であろう。

第２次世界大戦後から今日まで，全国的に農業経営の大規模化は求められている。北海道農業は日本の経済成長の過程でいち早く大規模化という形で適応してきた。**第Ⅱ章**で示した大規模化の仕組みは，今後の日本農業を考えていくうえで重要な示唆を与えるものと考える。

他方，一般的に日本の農地は１区画あたりの面積が小さく，さらには規模拡大に見合った生産性の向上を見込みにくい場合も存在する。農業経営の大規模化を目的とした農地集積が非経済的側面だけではなく，生産性の向上などの経済的メリットがともなう形態で行われる必要があると考えられる。たとえば**第Ⅳ章**で示したような，耕作条件の良い農地を引き受ける際に，耕作条件の悪い農地も合わせて引き受けなくてはならないような状況をいかにとらえればよいのか。政策として農業経営の大規模化を推進していくことは，産業としての農業を自立させるために欠かせないものだろう。しかし，そのプロセスには非経済的要素が多く含まれる。さらに，耕作条件の悪い農地も引き受ける場合に，取引される面積が少なく可視化されにくいものの，取引面積に比例して受手の負担が小さいわけではない。そうした農地は飛び地となることも多い。作業負担は耕作条件の良い農地を引き受ける場合に比べて格段に重く，受手の農業経営にとって大きな負担となる。**第Ⅳ章**で取り上げた地域では，一見すると「意欲ある」農家に農地が集積されており，日本農業が目指すべき姿のようにみえるが，背後には「意欲ある」農家への負担が存在する。こうした負担が大規模化に経済的メリットの見出せる地域においても存在する事実をいかにとらえていくのか。この点については，議論できる材料が揃っておらず課題の発見にとどまり，今後の課題の一つである。

また，経済取引に限定された社会関係に基づく農地移動や，経済取引に限定された主体間の関係は，貸借契約の解消に至りやすい。たとえば近年，こうした形態による株式会社などの農業参入が新たな農地の受手として注目されつつあるが，農業生産による採算が難しくなると容易に撤退することも考えられよう。**第Ⅱ章**でみたように，北海道などにおいて主体間で農地獲得が競合する場合であれば，ある受手の撤退後に農地の次なる受手は現れるだろう。しかし，全国的にみて農地の獲得で主体同士が競合する地域は少ない。株式会社などが請け負う農地は当該地域の農家が請け負いきれなかったものである。多くの場合，株式会社などの撤退後に残された農地の受手を探すことは難しい。経済取引に限定された農地移動を推進するにしても，地域条件に合った方策を考える必要がある。

これまで農地移動に至る契機は「地縁・血縁」と一括りにとらえられてきた。しかし本書では，地縁や結社縁をその空間的広がりに注目して分析することにより，「地縁・血縁」の意味するものを，集落という社会集団に埋没させることなくとらえることができた。さらには，経済的合理性だけでは説明できない農地利用を通じた農地管理のあり方を可視化できたと考える。

農地は，非農家にとっては経済活動の場所ではないとはいえ，自身の所有する「家産」であり，家産の維持という側面から耕作放棄地化は望ましいことではない。全国的に農業経営の大規模化が求められるなかで，経済取引に限定された農地移動に注目が集まりつつある。しかし**第Ⅴ章**で示した事例のように，経済取引に限定すると農地移動が起こりえない条件の地域がある。さらに地域によっては集落内外の農地利用を維持していくうえで，小規模兼業農家が果たす役割も大きい。全国画一的に推し進められる農業経営の大規模化や「意欲ある農家」のみの育成，株式会社の参入などについては再考の必要があろう。

また，農地利用を維持していくうえでムラ的な社会関係のあり方は重要な役割を果たしている。一方，同一集落内に農家と非農家が混住することにより，ムラ的な社会関係の内実や農地の経済的役割は変化している。農地利用の維持という行為が，経済的利益をもたらさないにもかかわらず，「農家の善意」によって支えられている場合もある。こうした場合，農地の受手にとっては農地を請け負うことは負担となる。とくに**第Ⅴ章**で示したように，一部の第２種兼業農家では，農業経営が収益を得る経済活動としては位置づけえないなかで農地利用が継続されている。もはや「家産」としての農地利用の維持のみが，農業経営を継続する動機になっているといえよう。農地利用を維持することが無条件に強制されるような現状では，農地の有効利用という問題は本質的には解決されない。また**第Ⅶ章**で取り上げた地域も同様であるが，中山間地域を中心として農家のみならず非農家も減少していくと予想され，現在と同じ規模の農地であっても維持することは困難であろう。実際，すでにこうした地域では畑の一部が放棄されており，さらに田についても「農家の善意」に頼っている側面がないとはいえない。政策的に農地を有する地域住民に対して無批判・無前提に「農地利用の維持」を訴求するのではなく，地域住民の選択肢として，農地利用の維持に加えて計画的放棄や転用(1)も是認されてしかるべきであろう。こうしたなかで，農地利用は維持すべきものかどうか自体を問い，ときには農地の山林化を是認することも必要になってくると考える。地域経済および地域社会のなかで，農地がどのように位置づけられているのかをとらえ，地域条件に則した方策を練っていく必要があるといえよう。現代的な農地の計画的放棄のあり方については，検討していかねばならない今後の大きな課題である。

2. 農業生産活動に関する諸現象をめぐる研究成果と課題

近年，農業生産のネットワーク化が取り上げられ，農業集落や地区を越える物理的空間が広域におよぶネットワークが注目されている（高柳 2010; 川手 2011)。こうしたなかで，イエ・ムラを基底にした既存のネットワークとは異なる新たなネットワークの開拓が，経済活動としては低迷している農業の起爆剤として語られ，無条件に賞賛されることもしばしばある。しかし，**第Ⅲ章**で明らかにしたように，経済取引に限定されるような「選べる縁」をパスにして形成されたネットワークにおいては，商社への出荷のような当初は収益性の増大を求めて始まったものでも，ネットワークが長期的に維持されるうちに，農業経営に与える影響は小さくなっている。**第Ⅵ章**で明らかにしたように物理的空間が広域におよぶネットワークが，必ずしも農業経営の拡大には結びつかない事例もみられる。近年，直売や契約栽培，新たな生産者グループの組織などで，「選べる縁」をもとにして農業集落や市町村を越えて形成されるネットワークが注目されている。しかし，主体間関係を分析対象に取り上げて検討すると，こうしたネットワークが農業経営の拡大に必ずしも結びついていない事例もみられた。物理的空間の広がりや，ネットワークの新規性のみを取り上げるのではなく，ネットワークのパスとなるものがどのような性質の関係に担保され，農業生産のどの段階と関連し，その物理的空間の範囲はいかなる社会空間において可視化されているのか地理的スケールに注目して検討していく必要があろう。

また，農業経営の大規模化が進展し，農業生産が経済的合理性を追求するなかで展開してきた地域においても，経済活動としての農業生産と不可分の状態で，集落や地区などの社会集団が存在した。つまり出荷グループのような新たに形成されたネットワークも，集落や地区などの社会集団と無関係ではなかった。新旧のネットワークはそれぞれ独立したものであったが，二項対立的に存在せず，パスとなる主体間関係を共有しながら農業生産にさまざまな形態で寄与している。本書では，社会ネットワーク分析の枠組みを援用することにより，新しいものから既存のものまで，多様に広がる複相的ネットワークを，各位相のパスの性質に基づいて分析することができた。それぞれのパスを担保する主体間関係の作用を，ネットワーク全体のなかに埋没させることなく可視化し，農業経営とのかかわり方を検討する枠組みを提示することができた。一方，ネットワークの形状も加味したうえで考察を深めることはできなかった。たとえば，第Ⅲ章では農協外出荷を開始する際に，農協が青果物業者を仲介していた。この仲介の役割を相対化することはできなかった。出荷に限らず，農地移動などさまざまな取引において仲介者[(2)]は存在しうるものである。こうした仲介者を媒介したネットワークの形状と各パスの関係性について分析していくための方法論の検討は，分析指標の再検討なども合わせて課題として残っている。

3. 今後の展望

現在，日本の農業のみならず海外の事例においても，農業生産をめぐって多様なネットワークが複相的に展開している。こうしたネットワークと農業生産の動態をとらえていくためにも，本書での枠組みを用いて，海外も含む，多くの地域で事例を積み重ねていくことが必要と考える。とくに途上国においては，市場経済化の浸透により，生産物を介して他地域や外国とつながるなかで地域が大小の影響を受けるようになっている。このように生産物を介した他地域との結びつきや競合が発生することにより，生業形態はドラスティックに変容している（田和 1999; 2005; 島田 2007 など）。たとえば，それまでは自給的農業とわずかな販売作物を生産，水揚げしていたような地域においても，需要増大などにより収奪的な農法や漁法が導入されるというようなケースである。

先行研究では，市場経済化の浸透によって，もっと多くの安定的な現金収入を得るために，焼畑から定畑，複合的生業からモノカルチャー的生業へというように，農地や漁場などの資源の利用形態を変容させ，過度な土地利用や水産資源の枯渇，資源利用をめぐる対立といった問題を生み出すということが指摘されている。伝統的な生業活動が商業的な性格のものに転換されたことによって，かつては持続可能であった資源利用形態が変化しているというものである（ヴァンダーミーア・ペルフェクト 2010）。

生業活動の商業化により，資源利用をめぐる人間関係のネットワークは，伝統的な生業活動が営まれていた時期であれば，広くても隣村やその周辺地区までで完結する closed system に近かったものから，もっと広域に展開する open system なものに変化していっていると考えられる。では，資源の過剰利用を引き起こすネットワークとは，いかなる広がりをもち，既存の利用調整を図っていた時期の村落社会内部のネットワークとは，いかなる差異を有するのだろうか。

このような，資源利用をめぐる人間関係のネットワークを分析した既往研究では，農地や漁場などの資源利用をめぐる主体間関係について，主に複数の部族や集落といった社会集団が利用できる共有地における，私有，共有，オープンアクセスといった土地所有形態の差異に着目して，土地や水面など資源をめぐる集団間の関係を対象としてきた（井上 1997；秋道・田和 1998）。これは，共有地をめぐる集団間の争論が可視的に起こるため，表面化している集団間の関係を取り上げて分析したものと考えられる。しかし，対立・協調などの調整の結果，ある社会集団に割りあてられた共有地内でも，さらに，その社会集団内での利用権をめぐる調整の問題は存在する（宮内 1998）。具体的には，オープンアクセス状態から共有，私有への転換，利用権に関する規定をめぐって，集落内の小グループや個人の間で調整されている。つまり，社会集団レベルの相互関係については分析が進められているものの，地域を構成する最小単位である個人のレベルからの，農地や漁場などの資源へのアプローチをめぐる主体間の関係については十分に分析されていない。資源が利用されるなかで，利用に向けた調整はさまざまな位相で複相的に展開する。パスとなる調整をめぐる主体間関係は，それぞれの位相でどのように展開し，そうして構築された複相的ネットワークは，それぞれいかなる相互関係があるのかを検討していくことが必要と考えられる。

以上のように，資源利用形態に変化をもたらす主体間の関係を分析していくことによって，地域の文脈に即した資源利用の動態が明らかになるだけではなく，「環境問題」の一つともされる資源の過剰利用において，直接利用する者のみならず，それに関連し間接的に利用するステークホルダーの存在を明示することができると考える。

本書で提示した方法論は，ドラスティックな変化のさなかにある途上国における資源利用のあり方を考えるうえでも，新たな知見をもたらすと考える。本書の提示する方法は，地縁・血縁に内在化されてしまっていた資源の持続的利用をめぐる調整機能を明瞭に描けるという点で有用であるのではないだろうか(3)。さらに資源の過剰利用の問題の所在を明確にし，環境問題を通じた先進国と途上国の関係を考えていくための論点を提示することができると考える。

注

(1)　無秩序な農地転用は除く。

(2)　社会ネットワーク分析においては媒介者と表記する（金光 2003)。

(3)　しかし，こうした研究を進めていくには問題点も山積している。最大の問題点はデータ取得の困難性である。本書で分析に用いたデータは，一問一答などのアンケートに近いような聞き取り調査のみで得られたものではない。母国語で実施できたことに加え，種々の社会制度，たとえば，近隣や集落，地区，校区などさまざまな社会集団の単位については，ある程度の理解が前提として存在し，被調査者とフレキシブルに対面することが可能となる条件が整っていた。これらの前提や条件のない国々を対象として同様のデータを集めるのは困難である。文献や長期滞在によって理解を得ていくことは可能であるが，途上国の農山漁村で外国人が出入りすることがさまざまな弊害をもたらすことは広く知られている（たとえばアジア農村研究会編 2005)。筆者は 2011 年 12 月と 2012 年 9 月に，ベトナム北部の山間地での聞き取り調査も含めた現地調査に随行する機会を得たが，調査者が対象地域でその場の状況に応じて被調査者を柔軟に選定できないものであった。調査中にはカウンターパートはもちろん，地区の役人が常に随伴するものであり，被調査者も回答を吟味，もしくは模範回答を発しているのではないかという場面が見受けられた。これは当該国の政治体制にも左右され，一概に正しいデータ取得は不可能と断ぜられないものだが大きな課題であり，乗り越えていかねばならないものである。

参 考 文 献

秋津元輝 1998.『農業生活とネットワーク―つきあいの視点から―』御茶の水書房.

秋道智彌・田和正孝 1998.『海人たちの自然誌―アジア・太平洋における海の資源管理―』関西学院大学出版会.

アジア農村研究会編 2005.『学生のためのフィールドワーク入門』めこん.

網野善彦 1978.『無縁・公界・楽―日本中世の自由と平和―』平凡社.

東　敏雄・吉沢四郎 1988.「集団的土地利用をめぐって――共通課題「土地と村落」三年間の論議から」村落社会研究会編『村落社会研究　第24集　土地と村落Ⅲ　村落の変貌と土地利用形態』9-37. 農山漁村文化協会.

安孫子麟 1986.「地主制下における土地管理・利用秩序をめぐる対抗関係」村落社会研究会編『村落社会研究　第二十二集　土地と村落Ⅰ』19-56. 御茶の水書房.

天野哲郎・藤田直聡 2005.「主要畑作地帯における畑作経営規模の動向予測」『北海道農業研究センター 農業経営研究』88：24-43.

天野哲郎・吉川好文・藤田直聡 2001.「十勝地域における畑作付方式の展開と野菜作導入の課題」『農業経営研究』39：127-132.

荒木一視 2007.「商品連鎖と地理学―理論的検討―」人文地理 59：151-171.

荒木一視 2002.『フードシステムの地理学的研究』大明堂.

荒木一視 1997.「わが国の生鮮野菜輸入とフードシステム」地理科学 52：243-258.

伊賀聖屋 2008.「清酒供給体系における酒造業者と酒米生産者の提携関係」地理学評論 81：150-178.

伊賀聖屋 2007.「味噌供給ネットワークにおける原料農産物の質の構築」地理学評論 80：361-381.

池上甲一 1988.「土地所有と農地の集団的利用―丹後機業地帯における畑作集落の砂丘地農業の事例に基づいて」村落社会研究会編『村落社会研究　第24集　土地と村落Ⅲ　村落の変貌と土地利用形態』161-190. 農山漁村文化協会.

池口明子 2002.「ベトナム・ハノイにおける鮮魚流通と露天商の取引ネットワーク」地理学評論 75：858-886.

石垣　悟 2002.「ムラを評価すること――村落観の可能性」日本民俗学 231：32-66.

石塚道子 2008.「カリブ海地域における小規模農業とジェンダー―「内部市場売買システム」再考―」F-GENSジャーナル（お茶の水女子大学）10：192-197.

市川秀之 1997.「山間盆地村落の空間構成―貝塚市蕎原の空間論的分析」日本民俗学 212：1-31.
市川康夫 2011.「中山間農業地域における広域的地域営農の存立形態―長野県飯島町を事例に―」地理学評論 84：324-344.
伊藤忠雄・八巻 正編 1993.『農業経営の法人化と経営戦略』. 農林統計協会.
伊藤良吉 1987.「生活空間論」日本民俗学 171：36-51.
井上忠司 1987.「社縁の人間関係」栗田靖之編『日本人の人間関係』244-260. ドメス出版.
井上 真 1997.「コモンズとしての熱帯林―カリマンタンでの実証調査をもとにして―」環境社会学研究 3：15-32.
今里悟之 2002.「日本村落の空間テクスト論の視角と課題」人文地理 54：319-339.
今里悟之 1999a.「村落空間の分類体系とその統合的検討―長野県下諏訪町萩倉を事例として―」人文地理 51：433-456.
今里悟之 1999b.「村落空間の社会記号論的解釈とその有効性―玄界灘馬渡島を事例として―」地理学評論 ser. A72：310-334.
今里悟之 1995.「村落の宗教景観要素と社会構造―滋賀県朽木村麻生を事例として―」人文地理 47：458-480.
岩本由輝 1987.「本源的土地所有と"ムラ"の土地利用秩序」村落社会研究会編『村落社会研究 第二十三集 土地と村落Ⅱ』3-52. 御茶の水書房.
印東分校史編集委員会編 1986,『印東分校 110 年―公津小学校印東分校閉校記念誌―』明日を拓く北・船の会.
ヴァンダーミーア，J. H.，ペルフェクト，I. 著，新島義昭訳 2010.『生物多様性〈喪失〉の真実―熱帯雨林破壊のポリティカル・エコロジー―』みすず書房. Vandermeer, J. and I. Perfecto, 1995: *Breakfast of Biodiversity: The Political Ecology of Rain Forest Destruction.* California: Food First/Institute for Food and Development Policy.
上野千鶴子 1994.『近代家族の成立と終焉』岩波書店.
浮田典良 2004.『地理学入門〈新訂版〉―マルティ・スケール・ジオグラフィ―』原書房.
牛山敬二 1994.「20 世紀末北海道農業の再編成―農家の老齢化・リタイアー化・農用地過剰の顕在化―」経済学研究（北海道大学）43：427-444.
牛山敬二 1989.「危機に直面する北海道農業の構造」土地制度史学 31(2)：35-49.
内田 実 1997.『北海道農業地域論』大明堂.
大竹伸郎 2008.「砺波平野における農業生産法人の展開と地域農業の再編」地理学評論 81：615-637.
大竹伸郎 2003.「水稲直播の導入と地域営農の形成―福島県原町市高地区・会津高田町八木沢地区を例として―」新地理 51(3)：1-27.
大谷信介 1995.『現代都市住民のパーソナル・ネットワーク―北米都市理論の日本的解読―』ミネルヴァ書房.
大西敏夫 2000.『農地動態からみた農地所有と利用構造の変容』筑波書房.
大野 新 1996.「農地賃貸借の深化と拡大」石井素介・長岡顕・原田敏治編『国土利用の変容と地域社会』131-141. 大明堂.

大橋めぐみ・永田淳嗣 2009.「岩手県産短角牛肉ショートフードサプライチェーンの動態の分析」地理学評論 82：91-117.
大原興太郎 1983.「淡路における複合経営の展開と特質」坂本慶一・高山敏弘編『地域農業の革新―淡路島における地域複合体の形成―』188-212. 明文書房.
大呂興平 2007.「北海道大樹町における肉用牛繁殖経営群の進化」地理学評論 80：547-566.
岡橋秀典 1997.『周辺地域の存立構造』大明堂.
小栗 宏 1983.『日本の村落構造』大明堂.
音更町農業協同組合編 1999.『音更町農協五十年史』音更町農業協同組合.
小野直達編 2008.『特用農産物の市場流通と課題』農林統計出版.
小野博史 2002.「族制研究の方法的再検討―埼玉県鶴ヶ島市のイッケ分析を通して―」日本民俗学 229：1-31.
加古敏之 1983.「土地利用方式と農業経営」坂本慶一・高山敏弘編『地域農業の革新―淡路島における地域複合体の形成―』138-164. 明文書房.
柏 久 1983.「三原における酪農の発展とその主体」坂本慶一・高山敏弘編『地域農業の革新―淡路島における地域複合体の形成―』79-101. 明文書房.
金光 淳 2003.『社会ネットワーク分析の基礎―社会的関係資本論にむけて―』勁草書房.
川上 誠 1985.「高知県における農地賃貸借の進展と特徴」経済地理学年報 31：191-209.
川上 誠 1979.「新潟県・大潟町の請負耕作」地理学評論 52：661-674.
川上 誠 1969.「蒲原平野における水稲生産の動向」経済地理学年報 15：42-61.
川手督也 2011.「むらの変貌と農村社会再編の展望―連帯経済の構築と自給の再評価―」農村計画学会誌 30：36-39.
川本 彰 1986.「ムラと土地」村落社会研究会編『村落社会研究 第二十二集 土地と村落Ⅰ』99-132. 御茶の水書房.
川本 彰 1972.『日本農村の論理』龍渓書舎.
規工川宏輔 1979.「佐賀平野における稲作生産組織の地域的展開」地理学評論 52：675-688.
木下謙治 2006.「農村社会学研究の個人的回顧」村落社会研究 12(2)：1-6.
熊本県警察本部警務部教養課編 1959.『管内実態調査書 天草編』熊本県警察本部警務部教養課.
協賛会記念誌部会編 1980.『中音更開基五十周年，東中音更小学校五十周年記念誌―郷里のあゆみ―』協賛会記念誌部会.
クラウト，H.D.著，石原 潤・溝口常俊・北村修二・岡橋秀典・高木彰彦訳 1983.『農村地理学』大明堂. Clout, H. D. 1972. *Rural Geography: An Introductory Survey*. Oxford: Pergamon Press.
神門善久 2012.『日本農業への正しい絶望法』新潮社.
神門善久 2006.『日本の食と農―危機の本質―』NTT 出版.
光和五十年事業実行委員会編 2002.『大牧開拓光和区五十年誌―光和のあゆみ―』光和五十年事業実行委員会.
五條陽子 1997.「稲作生産組織の成立と地域的展開―石川県松任市を例に―」人文地理 49：32-46.

古東英男 1997.『地域複合営農の実践』農林統計協会.
駒場小学校開校80周年記念事業協賛会編 1986.『駒場小学校80周年記念誌―翔こう大地の子―』駒場小学校開校80周年記念事業協賛会.
駒場中学校五〇周年記念協賛会編 1997.『駒場中学校五〇周年記念誌―樹立―』駒場中学校五〇周年記念協賛会.
斎藤　修 2001.『食品産業と農業の提携条件―フードシステム論の新方向―』農林統計協会.
斎藤　修・木島　実編 2003『小麦粉製品のフードシステム―川中からの接近―』農林統計協会.
斎藤丈士 2007.「鶴岡市藤島地域における大規模稲作経営の展開と特性」地理学評論 80：427-441.
斎藤丈士 2006.「東北地方における大規模稲作地域の構造変動と地域的性格―1980年と2000年の比較を中心として―」季刊地理学 58：89-106.
斎藤丈士 2003.「北海道の大規模稲作地帯における農地流動と農家の階層移動―北空知地方・沼田町の事例を中心として―」経済地理学年報 49：19-40.
坂本英夫 2002.『野菜園芸の産地分析』大明堂.
坂本慶一・高山敏弘編 1983.『地域農業の革新―淡路島における地域複合体の形成―』明文書房.
坂本洋一・岡田直樹・三好英実・西村直樹 1994.「畑作経営における借地型規模拡大の経済性」農業経営研究成績書：41-82.
櫻井清一 2008.『農産物産地をめぐる関係性マーケティング分析』農林統計協会.
佐々木達 2009.「宮城県亘理町における農業特性と複合経営の再編」季刊地理学 61：1-18.
島田周平 2007.『アフリカ　可能性を生きる農民―環境・国家・村の比較生態研究―』京都大学学術出版会.
島津俊之 1993.「社会空間研究の方法―特集 社会地理学とその周辺―」地理 38(5)：52-57.
島津俊之 1989.「村落空間の社会地理学的考察―大和高原北部・下狭川を例に―」人文地理 41：195-215.
島津俊之 1986.「村落の空間的社会構造とその変容―京都府宇治田原町禅定寺地区の事例―」人文地理 38：544-560.
島本富夫 2001.『現代農地賃貸借論』農林統計協会.
清水和明 2013.「水稲作地域における集落営農組織の展開とその意義―新潟県上越市三和区を事例に―」人文地理 65：302-321.
水津一朗 1964『社会地理学の基本問題―地域科学への試論―』大明堂.
鈴木康夫 1994.『稲作農村の再編成』大明堂.
関戸明子 1994.「焼畑山村における林野の社会的空間構成と主体的土地分類―愛媛県面河村大成を事例に―」人文地理 46：144-165.
関根良平 1998.「福島県高郷村における兼業化プロセスと農家世帯員の就業状況」人文地理 50：529-549.
関根良平・金科哲・大場聡 1999.「水稲単作地域における米生産調整の推移と地域農業条件―岩手県東和町を事例として―」季刊地理学 51：273-290.
高田明典 2007.「群馬県吉井町上奥平における耕作放棄地の拡大とその背景」地

理学評論 80：155-177.
高橋明広 2003.『多様な農家・組織間の連携と集落営農の発展―重層的主体間関係構築の視点から―』農林統計協会.
高橋　誠 1997a.『近郊農村の地域社会変動』古今書院.
高橋　誠 1997b.「農村変動とコミュニティ再編―新しい農村コミュニティ研究に向けて―」地理科学 52：88-106.
高橋　誠 1987.「人口流入村落における住民行動の多様性と村落社会の統合性―新潟県燕市松橋集落の事例―」人文地理 39：138-152.
高橋正明 1980.「都市近郊における稲作受託組織の展開とその性質―藤井寺市と泉大津市の場合―」地理学評論 53：93-107.
高柳長直 2010.「グローバル経済下における農林水産物のローカル性と脱産地化」高柳長直・川久保篤志・中川秀一・宮地忠幸編『グローバル化に対抗する農林水産業』農林統計出版：1-14.
高柳長直 2007.「食品のローカル性と産地振興―虚構としての牛肉の地域ブランド―」経済地理学年報 53：61-77.
高柳長直 2006.『フードシステムの空間構造論―グローバル化の中の農産物産地振興―』筑波書房.
高柳長直・川久保篤志・中川秀一・宮地忠幸編 2010『グローバル化に対抗する農林水産業』農林統計出版：1-14.
高山隆三 1986.「「土地と村落」―共通課題の論点―」村落社会研究会編『村落社会研究　第二十二集　土地と村落Ⅰ』3-18. 御茶の水書房.
竹中　章 2004.「大規模畑作地帯における規模拡大の実態と課題―音更町Ｎ地区を事例として―」北海道大学農経論叢 60：225-237.
立川雅司 2003.『遺伝子組換え作物と穀物フードシステムの新展開―農業・食料社会学的アプローチ―』農山漁村文化協会.
谷本一志 1999.「中規模畑作地帯にみる土地利用変化と流動化問題―十勝帯広市の事例―」谷本一志・坂下明彦編『北海道の農地問題』131-146. 筑波書房.
谷本一志 1998.「農作業の外部化と大規模化・多頭化―北海道酪農・畑作地帯の作業受委託の事例から―」農政調査時報 506：36-45.
田畑　保 1986.『北海道の農村社会』日本経済評論社.
田林　明 2007.「日本農業の構造変容と地域農業の担い手」経済地理学年報 53：3-25.
田林　明・井口　梓 2005.「日本農業の変化と農業の担い手の可能性」人文地理学研究 29. 筑波大学：85-134.
田和正孝 2005.「マカッサル海峡南部における漁業の変化―コディンガレン島を中心として―」人文論究（関西学院大学）54(4)：88-109.
田和正孝 1999.「変わる海口―半島マレーシア，ジョホール州パリジャワ漁村の変貌―」人文論究（関西学院大学）49(2)：87-104.
淡野寧彦・吉田国光・大石貴之・永井伸昌・飯島　崇・田林　明・トム=ワルデチュック 2008.「茨城県筑西市協和地域における小玉スイカ産地の維持要因」地域研究年報（筑波大学）30：1-31.
堤　研二 1995.「産業近代化とエージェント―近代の八女地方における茶業を事例として―」経済地理学年報 41：171-191.

寺床幸雄 2009.「熊本県水俣市の限界集落における耕作放棄地の拡大とその要因」地理学評論 82：588-603.
暉峻衆三編 2003.『日本の農業150年─1850～2000年─』有斐閣.
天間　征編 1980.『離農─その後，かれらはどうなったか─』日本放送出版協会.
天間　征・佐々木市夫編 1979.『十勝管内離農者（昭和36～53年）の追跡調査結果報告書─付，離農者名簿─』帯広畜産大学農業計算学研究室.
東城眞治 1992.「大規模稲作経営の農地集積とインフォーマル・プロセスの意義」農業経営研究 30(3)：1-9.
中窪啓介 2009.「地域ブランド推進体制における産地経済の諸相─宮崎県西都市のマンゴー産地を事例として─」人文地理 61：39-59.
中野一新 1982.「資本の土地支配と現代の農地問題」講座 今日の日本資本主義編集委員会編『講座 今日の日本資本主義 8　日本資本主義と農業・農民』145-184．大月書店.
長濱健一郎 2003.『地域資源管理の主体形成─「集落」新生への条件を探る─』日本経済評論社.
仁平尊明 2010.「グローバル化と日本の小麦生産」地理空間 3：57-69.
仁平尊明 2007.「北海道十勝における大規模畑作農業の維持基盤」人文地理学研究（筑波大学）31：39-74.
蓮見音彦 1987.「戦後農村社会学の射程」社会学評論 38：167-180.
「畑研」研究会編，七戸長生監修 1998.『十勝─農村・40年の軌跡─』農林統計協会.
浜谷正人 1969.「農村社会の空間秩序とその意義─主として小村のばあいを事例として─」人文地理 21：135-159.
林　琢也 2009.「グローバル化に対応したリンゴ生産と品種の管理─日本ピンクレディー協会の取り組みを事例に─」茨城地理 10：19-27.
東中音更小学校開校七十周年記念協賛会 2000.『開校七十周年記念誌─輝望─』東中音更小学校開校七十周年記念協賛会.
平石　学 2006.『大規模畑作経営の展開と存立条件』農林統計協会.
福田アジオ 1980.「村落領域論」武蔵大学人文学会雑誌 12：217-247.
福田珠己 1989.「四国山地旧焼畑村落における環境区分─高知県吾川村上名野川の小字名を事例として─」人文地理 41：364-374.
福武　直 1959.『日本村落の社会構造』東京大学出版会.
藤永　豪 2000.「都市近郊山村における地名からみた住民の空間認識─佐賀県脊振村鳥羽院下地区を事例として─」地理学評論 Ser. A 73：578-601.
細山隆夫 2004.『農地賃貸借進展の地域差と大規模借地経営の展開』農林統計協会.
細山隆夫・若林勝史 2007.「十勝中央部における農地流動化，作付けの動向と経営展望─「品目横断的経営安定対策」導入直前における芽室町を対象として─」北海道農業研究センター 農業経営研究 93：1-23.
ボワセベン，J. 著，岩上真珠・池岡義孝訳 1986.『友達の友達─ネットワーク，操作者，コアリッション─』未来社．Boissevain, J. 1974. *Friends of Friends : Networks, Manipulators and Coalitions.* Oxford: Blackwell.
前田洋介 2008.「担い手からみたローカルに活動するNPO法人とその空間的特

徴」地理学評論 81：425–448.
松井貞雄 1964.「大都市圏内における兼業農家の組織化」人文地理 16：160–176.
松井貞雄 1960.「愛知県における水稲集田栽培地域とその限界性」人文地理 12：477–495.
宮内泰介 1998.「重層的な環境利用と共同利用権—ソロモン諸島マライタ島の事例から—」環境社会学研究 4：125–141.
宮武恭一 2007.『大規模稲作経営の経営革新と地域農業』農林統計協会.
宮本芳太郎 1945.『三原阿万町淡路玉葱発達史』阿万町農業会.
元木　靖 2006.『食の環境変化—日本社会の農業的課題—』古今書院.
森岡清志 1995.「都市社会とパーソナルネットワーク—パーソナルネットワーク論の成果と課題—」都市問題 86(9)：3–15.
森本健弘 1991.「茨城県波崎町における集約的農業の発展に伴う不耕作農地の形成」地理学評論 Ser. A 64：613–636.
八木康幸 1988.「村落空間論の諸相—象徴的空間を中心にして—」関西学院史学 22：55–67.
柳村俊介 1999.「畑作地帯における農地賃貸借の構造と農地集団化事業—十勝・清水町の事例—」谷本一志・坂下明彦編.『北海道の農地問題』147–159. 筑波書房.
八巻　正 1997.『現代稲作の担い手と技術革新』農林統計協会.
山口　覚 2008.『出郷者たちの都市空間—パーソナル・ネットワークと同郷者集団—』ミネルヴァ書房.
山口正人・市川　治 1998.「大規模畑作複合経営における和牛繁殖部門の展開要因—音更町・網走市の事例を対象として—」酪農学園大学紀要・人文・社会科学編 22：135–145.
山﨑孝史 2010.『政治・空間・場所—「政治の地理学」にむけて—』ナカニシヤ出版.
山寺里子・新井祥穂 2003.「米政策作転換期における新潟県中上層稲作農家の経営戦略—北蒲原郡中条町を事例に—」地理科学 58：22–45.
横山繁樹・櫻井清一 2009.「地産地消に関連する諸活動と社会関係資本—千葉県安房地域を事例として—」経済地理学年報 55：137–149.
吉田国光 2011.「山村における棚田維持の背景—長野県中条村大西地区を事例として—」人文地理 63：149–164.
吉田国光・市川康夫・武田周一郎・花木宏直・栗林　賢・田林　明 2010.「印旛沼湖畔集落における複合的生業形態の変容—千葉県成田市北須賀地区を事例として—」地域研究年報（筑波大学）32：71–101.
ルイス，G. J. 著，石原　潤・浜谷正人・山田正浩監訳 1986.『農村社会地理学』大明堂. Lewis, J. 1979. *Rural Communities*. London: David & Charles.
Birkenholtz , T. 2009. Irrigated landscapes, produced scarcity, and adaptive social institutions in Rajasthan, India. *Annals of the Association of American Geographers* 99: 118–137.
Futamura, T. 2007. Made in Kentucky: The Meaning of "Local" Food Products in Kentucky's Farmers' Markets. *The Japanese Journal of American Studies* 18: 209–227.

Hughes, A. and Reimer, S. eds. 2004. *Geographies of Commodity Chains*. London: Routledge.
Magnani, N. and Struffi, L. 2009. Translation sociology and social capital in rural development initiatives. A case study from the Italian Alps. *Journal of Rural Studies* 25: 231-238.
Murdoch, J. 2006. Networking rurality: emergent complexity in the countryside. In *Handbook of Rural Studies*. eds. P. Cloke, T. Marsden, and P. Mooney, 171-184. London: Sage Publications.
Murdoch, J. 2000. Networks: a new paradigm of rural development?. *Journal of Rural Studies* 16: 407-419.
Murdoch, J., Marsden. T. and Banks, J. 2000. Quality, Nature, and Embeddedness: Some Theoretical Considerations in the Context of the Food Sector. *Economic Geography* 76: 107-125.
Shortall, S. 2008. Are rural development programmes socially inclusive? Social inclusion, civic engagement, participation, and social capital: Exploring the differences. *Journal of Rural Studies* 24: 450-457.
Smith, N. 2000. Scale. In *The Dictionary of Human Geography, 4th Edition*. eds. R. Johnston, D. Gregory, G. Pratt, and M. Watts, 724-727. Oxford: Blackwell.

図 表 一 覧

あとがき

本書は2011年春に筑波大学大学院生命環境科学研究科に提出した博士論文を骨子とし，その後の論考を加えて大幅な加筆修正を施したものである。各論については既発表論文をもとにし，本書全体に一貫性を持たせるために改稿を行った。以下，各章の初出をあげる。

第Ⅰ章　（書き下ろし）

第Ⅱ章　吉田国光 2009．北海道大規模畑作地帯における社会関係からみた農地移動プロセス．地理学評論 82：402–421.

第Ⅲ章　吉田国光 2013．十勝平野における農家間ネットワークからみた大規模畑作の動態．経済地理学年報 59：197–215.

第Ⅳ章　吉田国光・市川康夫・花木宏直・栗林　賢・武田周一郎・田林　明 2010．大都市近郊における社会関係からみた稲作農家の農地集積形態．地学雑誌 119：810–825.

第Ⅴ章　吉田国光 2012．集約的農業地域における社会関係からみた農地移動の展開―兵庫県南あわじ市上幡多集落の事例―．人文地理 64：103–122.

第Ⅵ章　吉田国光 2013．淡路島三原平野における農業生産をめぐるネットワーク．村落社会研究ジャーナル 39：35–46.

第Ⅶ章　吉田国光 2011．中山間地域における農地利用の維持基盤―熊本県天草市宮地岳町を事例に―．地理空間 4：97–110.

第Ⅷ章　（書き下ろし）

なお，第Ⅳ章のもととなった論文は，修士・博士課程を通じての指導教官である田林明先生（現：筑波大学名誉教授）と院生時代を共にした諸学兄との共同研究の成果である。本書の出版にあたって単著単行本への掲載をご快諾いただいた。記してお礼を申し上げる次第である。

地理学者が研究テーマを選ぶ際に，生い立ちや経験に影響されることが少なくない。しかし筆者は，院生時代から現在まで農山漁村を主たるフィールドとして研究を進めてきたが，地理学を学び始めた当初は「農」への興味はほとんどなかった。

筆者が生まれ育ったのは大阪府吹田市である。社会や地理の教科書では「ベッドタウン」「郊外住宅地」と記述され，一般的には「農」のイメージは想起しにくい地域である。こうしたなかで，筆者の生家は新しく住宅造成された地区ではなく近世以前から続く集落であった。そのため宅地開発は千里丘陵一帯に比べて遅く，1990 年代前半までは，水田もある程度は残っており，ため池や用水路なども水稲作のため利用されていた。幼少期には，これらの土地利用や施設は「ザリガニ獲り」「カエル獲り」などの格好の遊び場であった。しかし，こうした体験と農地に関する研究は直接結びついていないように思う。

では幼少期の体験は，その後の筆者の研究テーマに全く影響を与えていなかったのだろうか。

筆者が小学生の時に，公民館の建て替えと，集落内にある檀那寺の屋根葺き替えという大きな出来事があった。これらの発案・計画のための寄り合いが何度も行われ，「おじいちゃん子」であった私は，祖父に付いて行ったり，寄り合いの前後に近所のオジさんが自宅玄関で祖父と件のことについて話しているのを目にしたりしていた。幼かった私は，「どうして同じようなことを何回も何時間も話しているんだろう？」と素朴な疑問を持った。親たちに質問したが，そこで明確な答えは得られなかった。では，大人になった私は，子どもの頃の自身の素朴な疑問に答えられるだろうか。残念ながら「付き合いでいろいろあるんだ」としか言えないように思う。本書は，このような「いろいろあるお付き合い」を解き明かす作業であったといえよう。この意味で，幼少期の経験は大きな影響を与えているといえよう。

筆者はもともと「地図を眺めるのが好き」という単純な理由で地理学専攻に入学したが，「農」，とくに農地へ興味を持つようになったのは学部時代である。

当初，農業を含めた産業地理学に対して「農業や漁業を調べることが研究なのか」，「『○○（地名）では△△（作物）がたくさん産出されます』などと示すことのみでは，地誌を記述する以上のものは得られないのではないか」のような，今から思えば生意気な印象を抱き，悶々とした気持ちで講義を受けていた。

このモヤモヤは，２回生後期に漁業地理学を専門とする田和正孝先生（関西学院大学）の講義を受けるなかでスッキリと晴れていった。

田和先生の講義で印象深く思い出すのは，例えば，東南アジアでの「魚毒漁」や「ダイナマイト漁」といった一見すると資源収奪的な漁法の実態について示された際のことである。「彼ら（漁業者）は漁場を破壊するような漁法をなぜ選択するのでしょうか？」といったような問いかけに受講生がきょとんとしているなか，続いて「こうして獲った魚はどこに売られるのか。誰が買うのか？」，「売れるから，需要があるからでは？」というように投げかけられたのである。

「ダイナマイト漁」に限らず，焼畑農業や森林伐採なども，その行為を取り巻く諸要素との連関から解きほぐさねばならない。資源管理や環境問題とみなされるような大きなものを理解するためには，地道な「農業や漁業を調べること」がその土台になる。それまで「研究とはトレジャーハンターのように何かを発見するもの」，「調べたこと＝明らかにしたこと」と思っていた。しかし，それが大きな誤りであったことに気付き，自身の理解不足を痛感した出来事であった。

「漁場だけではなく農地でも同様のことがいえるのではないか。」と考えるようになったのが，その後の筆者の農地に関する研究の出発点であった。このことは大学院進学後の研究テーマの選定に大きな影響を与えた。

筑波大学大学院に進学後は，おぼろげながらに決めていた研究テーマを地理学の研究に昇華させるために重要な時間となった。とくに調査方法の習得については，筑波大学人文地理学研究室で長らく実施されてきた野外実習の存在が大きかった。大学院レベルで実施される組織的な野外実習は全国的にも珍しく，筑波大学人文地理学研究室でしか経験できないものであった。修士１年次の野外実習で，田林先生とともに農家への聞き取り調査を実施できたことは，後の自身の修士論文調査を進めるうえで貴重な経験となった。野外実習後には，田林先生に加えて調査班のリーダーを務められた淡野寧彦氏（現：愛媛大学）ら先輩方からも製図やアカデミックライティングなどの研究を遂行するための作法について教わった。卒業論文を上手くできなかった筆者は，研究やロジックの組み立て，調査方法，分析というものについて十分には理解していなかった。大学院進学直後には，同級生が描画ソフトやＧＩＳソフトなどを駆使して製図したり，分析したりするのを見て自身の能力不足に愕然とした。基礎・基本が決定的に欠けていた筆者にとって，こうした指導が大学教員となった現在では「知肉」となって活きていると強く実感している。そんな劣等生の私を根気強く指導して下さった田林明先生には感謝してもし尽くせない。

このように地理学というものに触れてから，卒業論文でご指導いただいた田和先生を始め，関西学院大学文学部文化歴史学科地理学地域文化学専修の八木康幸先生や荒山正彦先生，山口覚先生，諸先輩や同級生，後輩から大学院進学後も終始，温かい励ましをいただき，刺激を与えていただいた。田和先生からは筑波大学大学院進学後も，折に触れて「その事例研究を通じて，何を唸らせるのか」などのご助言をいただき，常に自身の研究と学界における研究動向，現実の問題とをつながりを考えるように努めるようにしている。

大学院進学後は，田林先生を始め，筑波大学大学院生命環境科学研究科の手塚章先生（現：筑波大学名誉教授），山下清海先生，村山祐司先生，呉羽正昭先生，森本健弘先生，松井圭介先生，仁平尊明先生（現：北海道大学），兼子純先生も，一向に成長しない私を温かく見守りながらご指導いただいた。とくに，田林先生の研究に取り組むお姿は，自立した研究者のお手本であった。人文社会科学研究科の小口千明先生と中西僚太郎先生，院生諸氏には歴史地理学野外実習などを通じて多くのご指導をいただいた。また日本の地理学界で最も多く院生が在籍する研究室であったことから諸先輩方や同級生，後輩から様々な技法を吸収できたことは幸運なことであった。紙幅の関係からすべての方のお名前を挙げることはできないが，とりわけ中村昭史氏（芝浦工業大学ほか・非）からは，ロジックの立て方や方法論などについて様々なことを教わった。中村氏との，時には夜中にまで及ぶ議論や雑談がなければ研究者として独り立ちすることもできなかったように思う。さらに，地理学内外を問わず学会や様々な研究会・勉強会を通じて多くの先生から御教示いただき，言葉で表現できないほどの刺激を受けることができた。

最後になったが，こうした「研究の作法」だけでは研究を行うことはできなかった。本書の成果は現地調査でお世話になった方々のご協力なくしてあり得ない。音更町役場，音更町農業協同組合，士幌町農業協同組合，成田市役所，成田市農業協同組合，印旛沼土地改良区，千葉県印旛農林振興センター，印旛沼漁業協同組合，南あわじ市役所，南淡路農業改良普及センター，宮地岳営農組合の方々に多大なる御協力を賜った。また，貴重な資料を御提供いただいた帯広畜産大学畜産学部の佐々木市夫先生（当時）には格別の御配慮をいただいた。音更町大牧・光和集落，成田市北須賀地区，南あわじ市上幡多集落，天草市宮地岳町の農家の方々には，作業中のお忙しい時に多大なる御協力を賜った。直接，農作業に携わる機会を御提供いただいた大牧農場の方々には，御自宅に泊めていただくなど格別の御配慮をいただいた。南あわじ市三原公民館館長の中田明樹氏には，現地調査に際して様々な便宜を図っていただいた。この他にも，紙幅の関係から全ての方のお名前を上げることはならないが，この場を借りてお礼申し上げたい。

このように多くの研究者や地域の方々にお世話になった。本書を執筆できたことも周囲の方々や調査を通じて知り合った方々との「つながり」の賜物と断言できる。周囲の方々に支えられてきたことに改めてお礼申し上げたい。また，好き勝手な人生を歩むことを許してくれた父賢悟，母紀代子ほか，家族にも感謝したい。

なお，本研究を進めるにあたって平成21～22年度科学研究費補助金（特別研究員奨励費：課題番号20521），平成25年度科学研究費補助金（若手研究Ｂ：課題番号25770295）の助成を，出版にあたっては金沢大学戦略的研究推進プログラム人文社会科学系学術図書出版助成を受けた。また，世界思想社の皆様には丁寧に原稿を読んでいただいた。末筆ながら以上記して感謝を申し上げたい。

2015年1月31日

吉田国光

著者紹介

吉田　国光（よしだ　くにみつ）

1982 年　大阪府吹田市生まれ
2006 年　関西学院大学文学部卒業
2011 年　筑波大学大学院生命環境科学研究科博士後期課程修了　博士（理学）
日本学術振興会特別研究員，熊本大学政策創造研究教育センター特任助教を経て，2012 年より金沢大学人間社会学域学校教育学類准教授。
専門は人文地理学，とくに農山漁村における生業活動を通じた資源利用・管理の動態について研究している。

農地管理と村落社会
――社会ネットワーク分析からのアプローチ
【金沢大学人間社会研究叢書】

2015 年 3 月 15 日　第 1 刷発行　　定価はカバーに表示しています

著　者　吉　田　国　光
発行者　髙　島　照　子

世界思想社
京都市左京区岩倉南桑原町 56　〒 606-0031
電話　075(721)6500
振替　01000-6-2908
http://sekaishisosha.jp/

（印刷・製本 太洋社）

ISBN978-4-7907-1652-5